都市は文化《アート》でよみがえる

大林剛郎
Obayashi Takeo

a pilot of wisdom

目次

第五章　民間と公共の連携で現代アートを都市に取り込む

——岡山・瀬戸内

序章　アートと都市の関係性

美術との出会い

私は現在、日本の建設会社・大林組の会長として企業経営に携わっています。そのいっぽうで、社会基盤としての芸術や都市のあり方は、長年にわたって私の関心のひとつでした。日本人アーティストや建築家を世界に紹介したいという思いを持ち、芸術の分野ではニューヨーク近代美術館（MoMA）、サンフランシスコ近代美術館、イギリスのテート、フランスのポンピドゥー・センターの活動を支援し、国内外での現代美術の普及活動や美術館へのサポートに関わってきました。

また都市に関しては、一九九八年に設立した大林財団を通じて、今日の都市が抱えるさまざまな問題への学術的、実践的なアプローチを支援してきました。こうした私の興味のあり方は、私が生まれ育った環境とどのような関係があるのか。私自身はあまり強く意識したことはないのですが、まずは自己紹介を兼ねて、私のこれまでの歩みを簡単にご説明したいと思います。

私は一九五四年に東京で生まれました。私が生まれたとき、父親はすでに当社の社長でした。当社は一八九二年（明治二五年）に私の曽祖父が大阪で創業しました。二代目の社長は私の祖父ですが、祖父は太平洋戦争中の一九四三年に急死し、父は兵役で和歌山の連隊に籍を置きながら、社長の職を引き継ぎました。戦後しばらく、一家は祖父が神戸の御《み》影《かげ》に建てた家に住んでいましたが、私が生まれる前年あたりに東京に引っ越してきました。私は二男二女の四人姉弟の末っ子ですが、私だけが東京の生まれで、御影の家で暮らした経験がありません。しかしこの家は大林家と美術の関係を考えるうえで興味深いものがあります。

御影の家はスパニッシュ・コロニアル様式の洋館の部分と和風建築の部分からできています。戦前の日本のモダニズム建築を代表する建築家のひとりで大阪瓦斯《ガス》ビルヂングなどで知られる安井武雄が監修し、実際の設計は大林組の設計部が手がけました。私にとってもっとも古い美術の記憶は、祖父が収集した美術品です。祖父は長年にわたって、洋画家の川島理一郎を支援していました。川島は一九一〇年代にパリで絵画を学び、一九二五年には梅原龍三郎とともに国画創作協会の洋画部の設立に関わっています。祖父がコレクションした川島作品の一部は御影の家に飾られていました。また川島は御影の家の調度品の選定にも関わっています。当社の設計部の社員が川島と一緒にスペインに行き、いろいろな備品などを買い集めてきたと聞いています。例えば玄関の扉はスペインのどこかの城館で使われていたものが、なんらかの理由で売りに出て、それを買ってきたわけです。その扉に使われていた星のモチーフを御影の家ではほかの扉や引き戸のデザインにも応用しています。さらに父は設計家でしたから、東京の港区の家も自分で設計したのですが、そこでも同じ星のモチーフを使っていました。

私は御影の家に住んだことはないので、祖父の残したコレクションに親しんだ記憶はあまりありません。ただし川島の小作品の『ヴェニスの嘆きの橋』だけは父が東京の家に持ってきたので、よく覚えています。

会社の父の部屋には、いつもお気に入りの吉原治良《よしはらじろう》の絵がかかっていました。しかし過去には、会社が苦しいときに古美術などの美術品を売却して凌《しの》ぐこともあったと聞いています。父がよく「よい美術品は食べてしまった」と言っていたのを思い出します。ある意味で、コレクションが家計を助けてくれたわけです。御影の家で川島の『ヴェニスの嘆きの橋』を眺めるとき、ふと祖父や父が歩んできた歴史に思いを馳《は》せ、日常とは別の時間の流れを感じます。

小さい頃の私は特別に美術が好きだったわけではありません。六歳上の姉が器用だったので、美術の宿題はたびたびこの姉に手伝ってもらっていました。『嘆きの橋』が川島理一郎の作品だと知ったのもかなり後になってからです。あとは家にいつも『美術手帖』があったのを覚えているくらいです。それから父がアメリカ出張の土産でMoMAのジグソーパズルを買ってきてくれたことがあります。それが何と、ジャクソン・ポロックの絵のジグソーパズルでした。アクションペインティングの技法で描かれた抽象絵画なので、完成までにとても時間がかかったのを覚えています。

とはいえ高校のときはなぜか美術部でした。日吉の慶應義塾高校だったのですが、顧問の毛利武彦先生に「神奈川県の高校生を対象にした展覧会がある。油絵だと競争も厳しいけれど、エッチングなら入賞しやすいから、出してみないか?」と言われました。そこでさっそくエッチングに取り組むことにしました。このとき私がねだったのかどうかわからないのですが、母がわざわざエッチングのプレス機を買ってくれたのは、今でも母に関するいちばんの思い出です。モチーフに選んだのは、霞《かすみ》が関《せき》にある法務省の旧本館。明治時代に建てられた赤レンガのネオバロック様式の建物で、重要文化財に指定されています。それを写生した絵をもとにエッチングをつくりました。残念ながら落選でしたが。

一九七〇年の大阪万博の開催期間中、高校生の私はアメリカにいました。ニューヨークに父の友人のアメリカ人がいて、その方の家にホームステイしていたのです。父は、子供たちに語学やマナー、そしてアメリカの社会を知る機会を与えることが大切だと考えていました。父が最初にアメリカに行ったのは戦後間もないころで、それこそ闇ドルを持って飛行機で渡ったわけです。そのときに見たものを家族にもよく話してくれました。まず蛍光灯というものがあることに驚いた。それからコンクリート。ミキサー車を使ってレディメイドのコンクリートを打っているのを見て、すごく驚いたと。父は晩年まで、まだ日本はアメリカを抜いてなどいない、アメリカは偉大な国で、学ぶべきことは多いと言っていました。自分は戦争中で英語ができず留学もできなかったけれども、子供たちの世代はアメリカで勉強しなければダメだと考えていました。そこで私も入社後でしたが、スタンフォード大学に二年間留学させてもらいました。この二年間の留学生活は、その後の私の人生にとって大きな意味があったと思います。

本社ビルのアートプロジェクト

私のなかで現代美術への関心が急速に高まった契機のひとつは、当社の本社ビルの移転プロジェクトでした。一九九九年一月、大林組は本社機構を品川に移転・集約しました。社屋の建設にあたって、技術的問題、オフィスのレイアウト問題はもちろんのこと、インテリアなども含めて、社員が快適に過ごせる空間をつくることがひとつのテーマでした。例えば、吹き抜けの階段をつくり、フェイス・トゥ・フェイスでコミュニケーションがとれるような空間をつくるなどです。

それに加え、建築と美術作品が一体となった空間をつくるというのもテーマでした。建設会社には感性と機能のどちらも求められるからです。

オフィス空間に質の高い美術作品を展示するというコンセプトに興味を持ったきっかけは、大林組が施工した福岡相互銀行（後の福岡シティ銀行）の本店ビルを見たことでした。福岡相互銀行の社長だった四島《ししま》司《つかさ》さんは現代美術への造詣も深く、その「四島コレクション」は高い評価を得ていました。また若き日の磯崎《いそざき》新《あらた》さんの才能をいち早く見抜き、大分支店をはじめとするいくつかの支店ビルの設計を依頼しています。一九七一年に当社で施工した本店（現在の西日本シティ銀行本店）も磯崎さんの設計で、「四島コレクション」はこのビルに展示するアート作品を磯崎さんと一緒にセレクションしたことが出発点だと聞いています。

この福岡相互銀行本店ビルには、サイトスペシフィックなコミッションワークの作品が何点かありました。それを最初に見たとき、やはりこれからはオフィスにはこうしたものが必要だと感じました。当社の旧大阪本店ビルには六〇年代、七〇年代に大阪で活躍した著名な作家の作品などがありましたが、神田の旧東京本社ビルは美術作品の展示はなく、非常にシンプルでミニマルな空間になっていました。

大林組本社ビル　アートプロジェクト　西川勝人『三日月階段』1998年

では、新しくつくる建築会社のオフィスにはどういうアートがふさわしいのか。せっかくなので今を生きている同時代の作家にお願いして、建築の空間にふさわしい作品を設計部の社員と一緒に制作してもらったほうがいいと考えたわけです。

建設会社には多くの設計者がいます。そのなかには美術への造詣が非常に深い人もいますが、必ずしもそうではない人もたくさんいます。そういう人たちが日常的に現代美術に触れる機会をつくることで、興味を持ち、設計者としての感性を磨くことにつなげてほしい。あるいは設計以外の仕事の人でも、都市をつくるという営みのなか

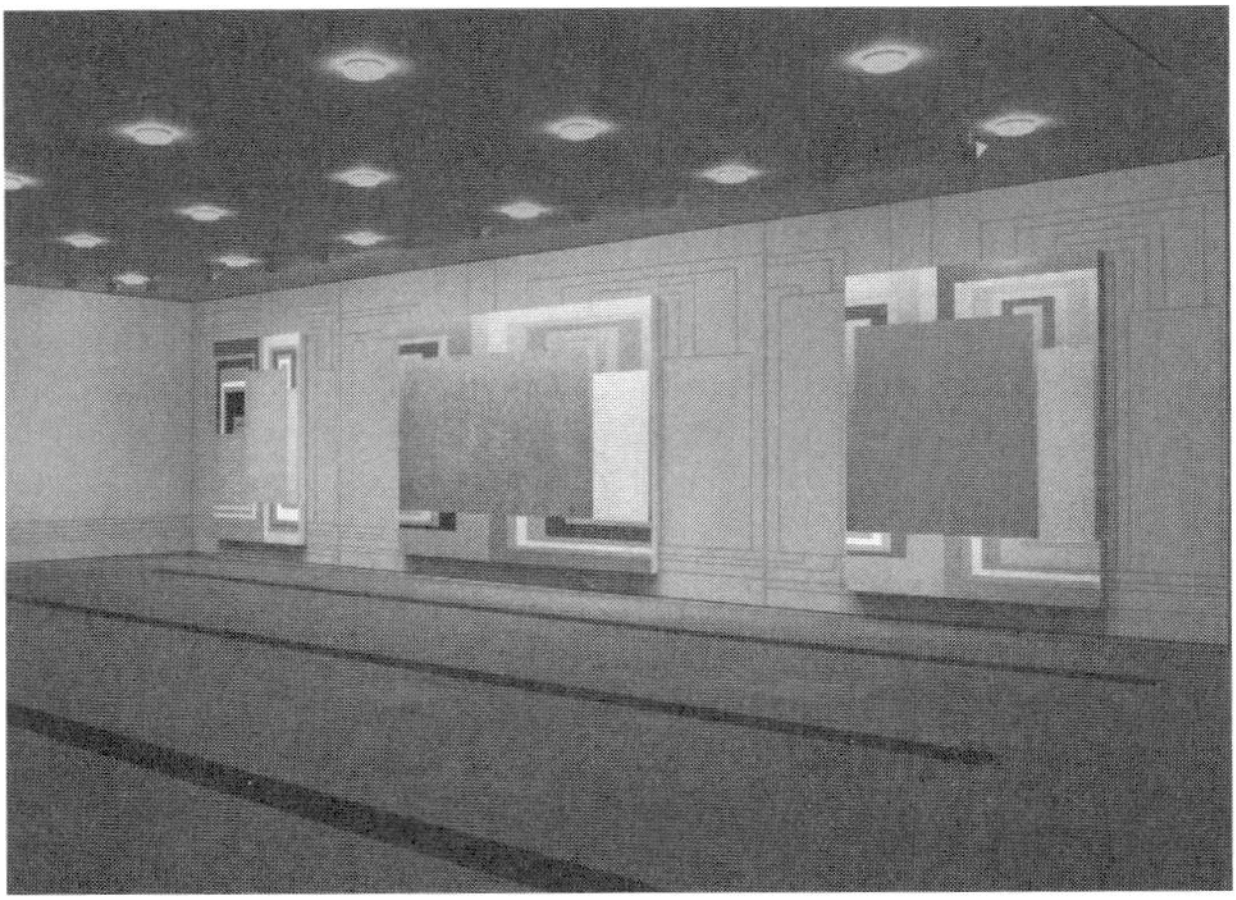
ピーター・ハリー『Tokyo Wall／トウキョウ・ウォール』1998年

草間彌生『無限の網』1998年

にはこうしたクリエイティヴな要素が不可欠であるという意識を持つことは重要だと考えました。結果として、本社ビルでは建築空間と現代美術の融合がこれまで国内では例がないほど緻密かつ大胆に試みられています。

　このアートプロジェクトに参加し、コミッションワークを制作したアーティストは、エットーレ・スパレッティ、草間彌生《やよい》、福澤エミ、パスカル・コンヴェール、インゴ・ギュンター、フランソワ・モルレー、ラングランズ・アンド・ベル、森万里子、須田悦弘《よしひろ》、チエ・ジョンホァ、西川勝人《かつひと》、デイヴィッド・トレムレット、ダニエル・ウォルラバンス、ジュリオ・パオリーニ、ダニエル・ビュラン、庄司達《しょうじさとる》、流政之《ながれまさゆき》、ピーター・ハリーです。全体の構想はアーティスティック・ディレクターをお願いした南條史生《ふみお》さん（現・森美術館館長）と大林組の設計部が担当し、磯崎新さん、原美術館の原俊夫館長（当時）、クリエイティヴ・ディレクターの小池一子《かずこ》さん（現・十和田市現代美術館館長）にも参加してもらいました。

　コンセプチュアル・アートを中心に、オリジナリティや現代性、永続性、国際性などを兼ね備えた作家を選定しています。個々の作品はアーティストからの提案を出発点として、アーティスティック・ディレクターと設計者、アーティストが協議を繰り返してつくり上げられています。建築の持つ機能などの諸条件と作品のコンセプトを整合させるには困難が伴いますが、どの作家も意欲的に取り組んでくれました。現代アートの作家たちに直接会い、彼らの自由な発想から刺激を得る。このプロジェクトの経験を通じて、私は生きているアーティストに「直接会える」素晴らしさを学ぶことができました。

現代美術をコレクションする理由

当時の私は現代美術についての知識はさほどありませんでしたが、品川の本社ビルが完成する少し前に、原さんの推薦でMoMAのインターナショナル・カウンシルのメンバーになりました。実は私とMoMAとの関わりはそれよりもかなり前に遡ります。MoMAの建築デザイン部門のチーフキュレーターのテレンス・ライリーとは古くからの知り合いで、彼の依頼で建築デザイン部門のコミッティーに参加していました。インターナショナル・カウンシルに入会するときには、建築家のフィリップ・ジョンソンとも会い、彼とミース・ファン・デル・ローエ設計のシーグラムビルにあったザ・フォーシーズンズ・レストランで食事をして面接を受けました。その後に私がインターナショナル・カウンシルに入ったのは、原さんの推薦に加えて、ＭｏＭＡの内部でより影響力のあるインターナショナル・カウンシルに建築デザイン部門からの人間に入ってもらいたいというテレンスの要望があったからです。

　実際にインターナショナル・カウンシルに入ってみると、ほかのメンバーからは「あなたはどこから来たの？　どんなアート作品を集めているのですか？」と挨拶がわりに尋ねられるわけです。当時の私は個人的な興味から建築のドローイング、例えば安藤忠雄さんや高松伸《しん》さん、アルド・ロッシなどの建築家が描いたドローイングを集めていました。しかし建築のドローイング収集というのは、純粋に個人的な興味から集めていても、対外的には会社の仕事との関係があるようにどうしても見えてしまいます。それをいちいち説明するのも面倒です。日本の現代美術に関する質問が多くあったので、ならばそれらをコレクションして海外の方々にも紹介するのが私の役割だと思ったのです。最近は日本の戦後美術について海外のコレクターもよく知っていますが、当時は日本の現代美術についてはほとんど知られていませんでした。それならば日本人の私がコレクションすることにもそれなりの意義があるのではないかと思いました。ちょうど本社ビルのアートプロジェクトで国内外のさまざまな現代美術家やギャラリストなどと会う機会も増え、このころから私のなかで現代美術への関心が一気に高まりました。

日本の経済人には、日本の建築家やデザイナー、アーティストといった優れた才能をもっと海外に紹介する義務があると思います。海外の美術館やアートピープルのコミュニティに積極的に参加し、今の日本の文化をアピールする。そうした活動にもっと多くの経済人が関心を持ってほしいと思います。

このMoMAをめぐる話でもわかるように、私のなかでは美術、建築、都市といったテーマは不可分に結びついています。例えばニューヨークのような都市に行くと、アートが都市に深く根づいていると感じます。MoMAに限らずニューヨークには多くの美術館やギャラリー、アートスペースなどがあります。ここでは美術が都市と密接に関わっていることがよくわかります。現代アートのギャラリーや作家のスタジオが集まるエリアは時代とともに変わって行きます。かつては長いあいだ、ソーホーが中心でしたがそれがチェルシーに移り、さらにブルックリンへと移動しています。最近は作品が巨大化する傾向があるので、賃料の安い倉庫的なスペースはギャラリーやスタジオに転用しやすい。しかしそうしてギャラリー街が形成されると、エリアとして注目が集まり、お洒落《しゃれ》な店舗やレストラン、ホテルなどができてきます。当然賃料も上がり、若手のギャラリストやアーティストは別の場所を求めて移動するわけです。

このようにアートを巻き込んだ都市のダイナミックな変化が自然発生的に生まれているのがニューヨークの大きな特徴だと思います。しかし日本ではこうしたアートと都市の親密な関係というのはなかなか生まれにくいのも事実です。したがって日本では単なるスペースの需給とは異なるアプローチが必要だと思います。例えば東京の清澄白河《きよすみしらかわ》にある東京都現代美術館は、美術館が街に出るという新しい試みに取り組んでいます。美術館のなかで展示を行うだけではなく、近隣の街のなかで美術館が企画した展覧会を行う。こうした意欲的な試みを通じて、街全体が文化的な空間であるというイメージをつくろうとしています。

当然こうしたプロジェクトには街全体についての明確なヴィジョンが必要ですし、それが自然発生的に出てくるにはそれなりの時間も必要です。そのいっぽうで行政がリーダーシップをとるという方法もあるわけで、そのためには行政のトップの意識を変えていく必要があると思います。

都市の景観に対する責任

一九九八年に設立した大林財団は、都市に関する学術研究の助成を主たる事業とする公益財団法人です。財団の設立に関しては、私の父の考えが大きく影響しています。先ほども少し触れましたが、父はもともと設計家で、社長になってからもずっと社長室に製図台を置いていたような人でした。その父が会社の設計部のスタッフに対して口を酸っぱくして言っていたことがあります。「君たちはただ単に建物を建てればいいという仕事をしているわけではない。建物を建てれば、大勢の不特定多数の人がそれを目にする。つまりその街の文化をつくるわけだ。だから間違っても袖看板なんかをつけてはいかん」と。実際にはクライアントのご用命で袖看板をつけることは多々ありますが。しかしそれでも父は、建物の美観や都市の景観に対する建築の責任ということをとても大切に考えていました。

歴史的に見ると、戦後の日本の都市計画は震災や戦争からの復興が出発点なので、どうしても防災という観点に重きが置かれてきました。しかしその一方で都市が持ついろいろな役割について研究するという分野では、日本は欧米諸国に比べるとかなり遅れているのではないかというのが、父の考えでした。

それからもうひとつ、建築が都市の景観に果たす役割について、とても印象に残った出来事があります。以前、当社が開発事業として、アメリカの大手設計事務所にロサンゼルスのビルの設計を依頼したことがあります。そのときにその設計者がニューヨークのオフィスで模型を見せたいというので見にいくと、ようやくそれが建物の形であるとわかる程度の、しかしさまざまな形の粘土模型が用意してありました。そして、しっかりつくり込まれた周囲の街区の模型のなかで、この形のビルだったらこの通りからこのように見える、こっちの建物からはこのように見える、だからこの形がよい、という説明を行うわけです。日本の場合は、建築家はあくまでもその施主の建物をデザインするというスタンスです。それに対して、欧米の建築家は都市の一部をデザインするという意識を明確に持っています。それだけ都市空間というものを大切にしていることに大きな驚きを覚えました。しかし、これからは景観としての街づくりというのが、日本の都市計画の大きなテーマになると思います。

確かに二〇世紀後半の日本は、戦後復興とともにめざましい産業社会へと進展を遂げました。しかしその負の側面として、都市への過度な人口の集中、交通の混雑、住宅問題の深刻化、自然環境の急激な変化などが生じてしまい、その結果として人間性に乏しい都市ができてしまったことは否めません。

これからの「都市づくり」では、先端的な技術を駆使したモニュメンタルな建造物や、機能中心のオフィスの建設といった経済性の追求だけではなく、景観の重視や、文化的な施設を取り込んだコミュニティの必要性などに配慮する必要があります。こうした視点から、都市の構造と機能、文化と環境はどうあるべきかについて研究することは、今後ますます重要になっていくと考えています。

大林賞

大林財団は大林賞という顕彰事業も行っています。これは都市の将来像を追求した実現性のあるヴィジョンや指標を示したり、それらを実践したりした方を称《たた》え、顕彰するものです。二年に一度の賞で、二〇〇〇年の第一回以降、これまでに都市計画はもちろん、市場経済学、持続可能な都市の再開発、都市と密接に関わる彫刻やランドスケープデザインなど、多彩な活動に携わる一〇人を顕彰してきました。都市計画の専門家や研究者に限定しないところが、この賞の大きな特色ともいえます。

例えば二〇一二年の第七回の受賞者はイギリスの彫刻家のアントニー・ゴームリーでした。受賞の対象となったのは、彼が手がけた『エンジェル・オブ・ザ・ノース』という大規模な屋外彫刻のプロジェクトです。イギリス北部のニューキャッスルとゲーツヘッドというふたつの都市はタイン川をはさんで対面していますが、どちらもイギリスの石炭産業の衰退とともに重工業に依存した都市経済が停滞し、新たな産業の創生が課題となっていました。ゲーツヘッド市当局は文化財の設置を都市再生の核に据えましたが、その契機となったのが『エンジェル・オブ・ザ・ノース』です。かつて炭鉱があった丘の上に立つ翼のある人物像は、両翼間五四メートル、高さ二〇メートルという巨大なものです。この像は年間一〇万人を超えるツーリストを地域に呼び込むだけではなく、その後のミレニアムブリッジ、バルチック現代美術センター、コンサートホールのザ・セージ・ゲーツヘッド

第6回
(2010年)

周干峙

中国科学院院士、中国工程院院士、
中華人民共和国住宅及び都市農村建設部顧問

中国の第1次5カ年計画の工場建設用地選定および都市計画策定、天津および唐山市震災復興計画、上海・蘇州等の都市総体計画などに協力。約60年間にわたり中国の複数の都市計画に携わった。また、中国最初の都市計画法の主要起草者のひとりである。

第7回
(2012年)

アントニー・ゴームリー

彫刻家

英国の石炭産業の衰退とともに、重工業に依存した都市は経済が停滞。その都市再生の契機となった『エンジェル・オブ・ザ・ノース』の制作にあたった。巨大なコールテン鋼の像は、年間10万人を超すツーリストを呼び込むばかりでなく、地域再生の旗印となった。

第8回
(2014年)

キャサリン・グスタフソン

ランドスケープ・アーキテクト

フランス、北米、アフリカ、東南アジア、中東など、30年以上にわたって活躍。土地に存在する生態、文化、歴史を深く読み取り、土地のもつ特別な魅力を活かして新しい場所を創造する手法が高い評価を得ている。

第9回
(2016年)

アレハンドロ・エチェベリ

建築家

世界で最も危険な都市ともいわれていたコロンビアのメデジン。教育向上を都市再生の核と位置づけ、「もっとも貧しい地域にもっとも美しい建築を」をテーマに、都市開発の中心的役割を務めた。貧困と対立の解消、地域住民の連帯、犯罪の抑制などの改革に大きく貢献。

第10回
(2018年)

ジャック・ラング

アラブ世界研究所（IMA）理事長

ミッテラン大統領下で文化大臣として大胆な文化政策改革を推し進めた。地方自治体への文化予算の移譲をすすめ、地方分権化を推進。フランス革命200周年記念行事では総責任者となり、ルーヴル美術館のガラスのピラミッドや新凱旋門の建設事業を指揮した。

※肩書は受賞時

大林賞歴代受賞者

第1回 (2000年) | **ヴァン・モリヴァン** | アンコール地方遺跡保存整備機構総裁、上級大臣待遇

建築家として、「独立記念塔」「チャムカーモン迎賓館」「総理府庁舎」などの著名建築に携わる。また、「国立オリンピック施設周辺整備開発」「プノンペン都市再開発計画マスター・プラン」はじめ、アジア・アフリカ地区における都市開発も手がけた。

第2回 (2002年) | **ポール・クルーグマン** | プリンストン大学経済学教授

「新しい空間経済学」と呼ばれる研究が、ひとつの国の都市や地域経済に留まることなく、多数の国と関連した国際的な地域経済システムの解明や、経済政策の立案に大きく貢献した。都市問題を考えるときの解決に大きなヒントを与えている。

第3回 (2004年) | **ジェルマン・ヴィアット** | ケ・ブランリー美術館ミュゼオロジープロジェクト・ディレクター

近代・現代美術の専門家である一方、ポンピドゥー・センターやマルセイユの美術館群の整備など、都市の魅力が引き出されるような、社会との接点としての機能をもつ美術館整備を考え、その運営においても優れた業績を残した。

第4回 (2006年) | **カール・ガンザー** | 元 IBA エムシャーパーク公社社長

石炭鉄鋼産業の衰退、環境破壊、人口減少といった社会問題を抱えたドイツのルール地域。800平方キロメートルにも及ぶエムシャー川流域について、自然環境の修復と住環境の快適化を進め、21世紀的な新産業の立地を実現した地域開発事業の推進をサポートした。

第5回 (2008年) | **マーク・レヴィン** | LBNL 主席常勤研究員兼中国エネルギーグループ・リーダー

長年、環境とエネルギーに関する研究に携わり、とりわけ、建築分野のエネルギー効率向上技術や、室内空気汚染防除技術、先端蓄電池・低NOx燃焼等のクリーンエネルギー技術の研究発展に貢献してきた。

といった地域再生のための大規模プロジェクトの先駆けとなりました。

二〇〇四年にはフランス文化財主任学芸員で、受賞時にはパリのケ・ブランリー美術館のミュゼオロジープロジェクト・ディレクターだったジェルマン・ヴィアットが受賞しています。フランスの公立美術館の学芸員として長いキャリアを持つ彼は七〇年代にはパリのポンピドゥー・センターの立ち上げに参加、八〇年代にはマルセイユ美術館群の館長として、同地の美術館の整備に関わりました。その後はポンピドゥー・センター内の国立近代美術館の館長を務め、九七年からはケ・ブランリー美術館の立ち上げを担当しています。彼の長いキャリアで一貫しているのは美術館を通じての都市の再生という考え方です。都市においては機能性や利便性の追求だけではなく、人々の創造性を呼び起こし、精神の高揚感や充足をもたらす役割も重要になっています。

二〇一八年の第一〇回は、第三章でも対談を行ったフランスの元文化大臣のジャック・ラングです。フランソワ・ミッテラン大統領のもとで文化大臣に抜擢《ばってき》された彼は、大胆な文化政策を推し進めました。美術、音楽、演劇といった従来の芸術様式に加えてサーカス、写真、大衆音楽、モード、デザインなども文化として国の支援対象とし、さらに文化予算の地方自治体への移譲によって文化政策の地方分権化を進めました。また一九八九年のフランス革命二〇〇周年記念行事の総責任者を務め、ルーヴルのガラスのピラミッドや新凱《しんがい》旋門《せんもん》の建設など、一連の「グラン・プロジェ」を指揮したことは、日本でもよく知られていると思います。

地方都市の可能性

昨今の日本では地方の再生ということが盛んにいわれています。しかしその議論や実践を本当に実りあるものにするには、そもそも都市や地域の再生とは何なのかということをきちんと考える必要があると思います。再生とはリボーンですから、どこを起点としてどのように再生するのか？　あるいはそうした時間的な軸は抜きにして、単に活性化や住みやすさを追求するのか？　最初にまず、こうした基本的な部分をきちんと押さえておくべきです。

アートと地域振興というテーマもよく耳にしますが、私はアート単独、特に現代アートによる地域振興には限界があると感じています。魅力的な美術館を建てたり、ビエンナーレのようなアートイベントを開催したりすれば、確かに人は集まりますが、それだけでは観光という枠組みを出ることはできません。観光客がたくさん来て、お金を落としてくれればそれでいいというドライな割り切り方もあるかもしれませんが、それで住んでいる人たちにとって魅力的な地域が生まれるかどうかは別問題です。

日本では多くの場合、とにかく人が集まることが再生や振興だととらえられていますが、これは根本的な間違いだと思います。結局これまで日本が失敗してきたのは、地方都市がすべて東京のようになることを目指したからです。つまりもともとそこにある文化や歴史、人々の営みを無視して、一種の東京化を推し進めた。それで逆に地域の魅力が薄れ、人が来なくなってしまったのです。若者は東京のイミテーションなら本物の東京のほうが面白いと、みんな出て行ってしまうわけです。

しかし日本の地方都市の多くは、それぞれに素晴らしい文化や歴史を持っています。それをもう一度掘り起こして、それぞれの地域における、もっともふさわしいあり方を考えてみる。仮にアートを絡めるとしたら、アーティストなりキュレーターなりが、その文化をどのように咀嚼《そしやく》して、それを作品や展覧会に反映させるかが重要でしょう。ある場所に存在する文化の形態には、必ず歴史的、風土的な必然性があります。それを無視して何かをつくっても、本当の魅力にはならないと思います。そこに暮らす人たちにとって何が幸せなのかを、もう一度よく考え直す必要があるのです。

本書では国内外各地のケースを参考にしながら、アートと都市の関係について考えていきたいと思います。

第一章では、古い街並みや伝統が息づく場所に、金沢21世紀美術館という現代美術館をうまく媒介させて成功した都市・金沢を取りあげます。

第二章では、ヨーロッパ、特にドイツのエムシャー川流域、スペインのビルバオ、フランスのナントを考察します。この三つは、手法や再生の理念は微妙に異なりますが、工業の衰退という同じ問題から出発し、文化を積極的に用いて都市や地域の再生を実現した地域です。

第三章は、二〇一八年の第一〇回大林賞の受賞者であるフランスの元文化大臣であるジャック・ラング氏との対談です。ラング氏は長年にわたってフランスにおける文化や都市の革新に貢献してきました。

第四章では、香港《ホンコン》を論じます。香港は現在、現代美術館「M+」をはじめとする大規模な開発が行われていますが、これらの事業では市民や地域のためのプログラムを重視しています。アートや建築への関心が香港の歴史や文化を見直す契機となっているのは興味深いものです。

第五章は、岡山をはじめとする瀬戸内エリアです。瀬戸内といえば、ベネッセアートサイト直島《なおしま》の成功が有名ですが、それに続くように岡山でも民間のリーダーたちがネットワークをつくり、エリア全体の発展のための枠組みを構築しています。

第六章では、美術家の会田誠さんとの対談を行いました。大林財団には「都市のヴィジョン—Obayashi Foundation Research Program」と題した助成プログラムがあります。会田さんはこの第一回のアーティストに選ばれました。これまでの建築系の都市計画とは異なる視点からさまざまな問題を考え、新しい都市のあり方を提案していただきました。

終章では前橋と大阪について言及します。前橋は他の日本の地方都市と同様に中心部の空洞化が進んでいましたが、二〇一六年に官民共同で地域再生の方向性を示す「前橋ビジョン」を発表。シャッター街のなかに小規模ながらデザイン性が高く、人が集まりやすい施設をつくるなどの面白いプロジェクトが複数進行中です。また大阪では、文化都市としての未来を、二〇二一年度開館予定の大阪中之島《なかのしま》美術館を中心に考えていきます。

第一章　美術館や現代美術を媒介者として存在させる

——金沢

文化的景観を守る

金沢は石川県のほぼ中央に位置し、人口約四六万人の中核市です。歴史的な観光都市として高い人気を誇る金沢の魅力のひとつは、よく保存された街並みにあります。

現在の市街地の起源は一六世紀にまで遡ります。一五四六年に加賀の一向宗門徒が一揆《いっき》の拠点として尾山御坊《ごぼう》を築き、その門前にできた寺内町《じないまち》が始まりです。一〇〇年近く続いた加賀の一向一揆は敵対する織田信長の軍勢によって滅ぼされ、豊臣秀吉の時代になると、秀吉から領地を与えられた前田利家が城を構えました。その後、加賀百万石と呼ばれた前田藩の統治下で城下町が計画的に形成されていき、一七世紀の寛文・延宝期にほぼ完成します。当時の城下町絵図を見ると、道路網は現在とほぼ一致し、町割りや用水路が現在の街区の基盤となっているのがわかります。

歴史的な街並みが残った理由としては、京都と同様に戦災の被害が少なかったことが挙げられます。しかし高度成長下の日本では都市の近代化は街並みの西洋化であり、開発と保存のバランスをいかに保つかは常に難しい問題でした。金沢市はいち早く一九六八年に「金沢市伝統環境保存条例」を制定し、市街地の環境を守る取り組みを開始しました。この条例では高度成長下での無秩序な都市開発から歴史的環境と自然環境を守り、それらと調和した近代的な都市づくりが目標として掲げられました。さらに一九八九年制定の「景観条例」では、六八年の条例の精神を活《い》かしつつ、伝統的な都市環境だけではなく、近代的な都市の整備にも取り組み、総合的な都市景観の実現を目指しています。具体的には三二区域の伝統環境保存区域と一三区域の近代的都市景観創出区域を指定し、それぞれの区域内での建築や公共空間における景観基準を定めています。

また金沢市はこのほかにもさまざまな条例を通じて、都市景観の保全への住民の参加や協力を促す仕組みをつくり上げています。例えば二〇〇〇年に施行された「金沢市まちづくり条例」は、住民が自らの地域の未来像を描き、まちづくりのルールを定めることでその未来像を実現していく点が大きな特色となっています。この条例をもとに地域住民が作成したまちづくり計画は、住民が市長と協定を締結することで実効性を持つことになります。こうしてできた「まちづくり協定」のひとつに、西茶屋街地区の歴史的茶屋建築の保全があります。西茶屋街は藩政時代から続く茶屋街で、今も趣のある街並みが残っています。しかし近年は料亭の数も減少傾向にあり、代替わりによって街並みの風情が失われる可能性も指摘されていました。そこで協定では、街並みの統一性に配慮し、平入り屋根と格子を用いた伝統的な茶屋建築を保全することで、金沢らしい特色のある街並みをつくることが指針とされています。

また二〇〇一年に施行された「まちなか定住促進条例」は、市の中心市街地での定住の促進を目的としたものです。金沢市の中心部では地価の高騰、敷地や道路の狭さなどの理由から定住人口の減少、郊外への人口流出といった事態が生じています。具体的な定住促進策としては、良質な戸建住宅を推奨する補助金制度などがあります。

ちなみに文化庁は「金沢の文化的景観　城下町の伝統と文化」を日本国内で六四件を数える重要文化的景観のひとつに選定しています。文化的景観とは土地の風土とそこでの人々の暮らしのなかで培われてきた景観です。そして金沢の文化的景観を根底で支えているのは、今なお人々の生活のなかで息づいている伝統文化や伝統工芸の数々です。

歴史的に見ると金沢の工芸の発展は、藩政期の加賀藩の文化政策が起点となっています。加賀前田家の第三代利常は京風文化の移入を積極的に行い、多くの優れた職人を金沢に招き入れました。また金沢城内には御細工所《おさいくしょ》と呼ばれる工房があり、五代藩主の綱紀《つなのり》の時代にはこの御細工所が拡充され、さまざまな工芸の振興を政策的に行いました。

こうした伝統を踏まえて、金沢市は伝統工芸の後継者の育成にも積極的に取り組んできました。一九四六年に金沢美術工芸専門学校を設置。一九五五年には同校を母体とする金沢美術工芸大学が誕生しました。国公立の美術大学としては東京藝術大学、京都市立芸術大学に次ぐ三番目です。金沢を代表する優れた工芸作家の多くがこの金沢美術工芸大学の出身者であり、卒業後も教授として学生の指導にあたっています。

金沢卯辰山《うたつやま》工芸工房の取り組み

一九八九年には金沢市制百周年記念事業として金沢卯辰山工芸工房が設立されました。これは金沢が誇る伝統工芸の継承と発展、地域の文化振興を目的とした施設です。陶芸、漆芸、染、金工といった金沢で長年にわたって育まれてきた分野に加え、新しい試みとしてガラス工芸の工房も設けられています。工房ごとに技術研修者を募集し、現代にも通じる工芸美術の担い手を育成しています。卯辰山工芸工房は藩政期の御細工所の精神を今日に受け継ぐものといえます。

卯辰山工芸工房で興味深いのは、金沢市の部外団体「一般社団法人 金沢クラフトビジネス創造機構」と連携し、工芸品の販路開拓や新製品開発を行っており、金沢での作家活動の継続を積極的に支援していることです。このことは金沢らしい街並みの維持とも深く関わっています。二〇〇八年の調査によると、市内在住の工芸作家や市内に店を構える工芸品店の約六割は金沢城を中心とした半径二キロメートルの旧城下町のエリアに集中しています。伝統工芸の職人の存在は金沢固有の文化的景観にとっても不可欠なものなのです。

金沢卯辰山工芸工房　外観　　金沢卯辰山工芸工房提供

また一九九六年には金沢市民芸術村がオープン。これは旧大和《だいわ》紡績の工場と敷地を金沢市が購入し、煉瓦《れんが》造りの建物を市民の芸術活動を支援する総合文化施設として再生したものです。ここには伝統的な建築に必要な技能の保存や後継者の育成を目的とした金沢職人大学校が併設されています。

新しい文化と都市の創造性

このように金沢は、街並みや景観の保護、あるいは伝統工芸の保護育成といった領域を核にして、個性的な文化都市としてのアイデンティティを確立してきました。古くからある文化的価値観を守っていくことは、共同体の維持にとっては大切です。同じ文化的価値観を共有することで、人々は共同体としての一体性を再確認できるからです。したがって伝統文化の保護は共同体が歴史的なまとまりを維持する大きな意味を持っています。

しかしそうした傾向がときとして、「伝統的なものには手厚いが、新しい文化には関心が薄い」といった指摘を生んでいたことも確かでしょう。新しい文化は都市の創造性と深く関わっています。古いものを守るだけでは、都市の創造性は枯渇してしまいます。ここで重要なのは、伝統とは何であるかを、伝統を守る側が不断に問い直し続ける姿勢でしょう。伝統的なものが持つ価値は、それが長く維持されてきたという永続性にあります。しかし長く維持されたということは逆説的に、それが時代に応じて少しずつ変化してきたことの証《あかし》でもあります。変化することを拒絶する伝統文化はやがて、博物館に展示される標本となる運命から逃れられません。伝統文化が社会のなかで生き続けるには、創造性に基盤を置く変化が不可欠なのです。

このように「伝統文化の保護」に傾きがちであった文化政策の状況に一石を投じたのが、二〇〇四年に開館した金沢21世紀美術館です。市の中心部で兼六園にも近い県庁舎と金沢大学附属小中学校・幼稚園の移転に伴い、それらの跡地を現代美術を対象とする美術館にすることが決まりました。金沢市内にすでにある石川県立美術館は伝統的な名品のコレクションを中核とした美術館で、新しい美術館はそれとの差別化を意識して構想されています。また県庁舎の移転でもっとも懸念されたのは、その界隈《かいわい》の昼間人口が減少し、街の賑《にぎ》わいが失われることでした。そこで新美術館の設立にあたっては、「新しい文化の創造」と並んで「新たなまちの賑わいの創出」が目的として掲げられました。

この美術館は建築としても大変個性的です。設計したのは妹島《せじま》和世と西沢立衛《りゅうえ》のSANAAです。建物全体は大きな円形で、円周の面はすべてガラス張りになっています。そのためファサード（正面）と呼べる面は存在しません。もしくはすべての面がファサードともいえます。四方に出入り口があるため、どの通りからもアクセスが容易で、通り抜けも可能です。また無料ゾーンが館内に広がっていて、カフェレストランやミュージアムショップ、アートライブラリー、市民ギャラリーなどの施設はこの無料ゾーンのなかにあります。つまり来館者は展覧会の入場料を支払わなくても、これらの施設を利用できるわけです。これは見方を変えれば、美術館のなかに都市の一部を取り入れたと考えることもできます。来館者はあたかも街のなかを散策するように自由に美術館のなかに入っていき、自分にとって興味のある施設を利用するわけです。当時の金沢市長でこの美術館のプロジェクトを主導した山出保《やまでたもつ》氏が妹島和世さんに「かっぽう着姿の金沢のおかみさんが、近江町《おうみちょう》市場の帰りに、買い物袋を持って立ち寄ることができる美術館にしてほしい」と要望したというのは有名な話ですが、「街や市民に向けて開かれた美術館」というコンセプトが、実際の建築の空間としても実現されているのです。

金沢21世紀美術館が目指した「美術館の脱権威化」

初代館長を務めた蓑《みの》豊氏は自らの著書のなかで、金沢21世紀美術館が目指したのは美術館の脱権威化であったと述べています。

美術館は厳かな儀式が執り行われている場所であり、西欧人が正装してオペラを観にいくように、身構えて臨む舞台だという雰囲気が支配的だった。入場者にも、迎える側の美術館にも、そういう意識が浸透していた。

しかし、金沢21世紀美術館は違う。この美術館が目指したのは、そういう従来の美術館のイメージを払拭《ふっしょく》した、まったく逆の施設だった。

（『超・美術館革命——金沢21世紀美術館の挑戦』）

美術館（ミュージアム）という制度は歴史的に見ても、美術品などの文化財の収集・保存と展示を主な目的としてきました。価値ある文化財を後の世の人々のために収集・保存すると同時に、その文化財の価値や魅力を同時代の人々に展示というかたちで伝えることが主たる役割です。近代ヨーロッパ社会に誕生したミュージアムは、国王や王家の私的なコレクションであった美術品や宝物を市民に開放するというかたちで始まりました。もともと王家のコレクションは王の権威を象徴するものでしたが、そうした権威的な性格は市民革命後のミュージアムにも受け継がれました。蓑氏が従来の美術館を「厳かな儀式が執り行われている場所」と評するのは、こうした歴史的な経緯を踏まえてのことなのです。

したがって金沢21世紀美術館の試みは、端的にいえば美術館の脱権威化ということになります。重厚なファサードのないガラス張りの建物は単に美術館と都市が一体化するだけではなく、建築そのものが美術館の権威性を回避するようなデザインとなっているわけです。もちろん美術館が権威を完全に放棄することは、美術館の自己否定にほかなりません。美術館は過去や同時代のさまざまな文化をリサーチし、そこから価値のあるものを選び抜き、収集や展示を行います。つまり文化の価値の判定者としての美術館の役割はとても重要です。オークションのようなマーケットでの高い取引価格、あるいはベストセラー小説や音楽ソフトの販売数といった鑑賞者の数の多さだけが文化の価値を決めるのではありません。もし市場的な判定基準だけで文化の価値を決めるとなると、文化はただの商品と同じになり、美術館は「売れ筋商品」の展示場となってしまいます。文化の価値を最終的に判定し、それを同時代や後世の人々に伝えていくには、美術館のような公共的な性格を有する機関の権威性がどうしても必要なのです。

そのいっぽうで美術館が脱権威化を志向するのは時代の要請ともいえます。現代社会では文化の受容のスタイルは驚くほど多様化しています。特にマスメディアからインターネットまでを含む、複製と伝達のテクノロジーの発達は人々と文化の関係を一変させました。もはや文化や芸術は、あたかも礼拝するかのように身構えて鑑賞するものではなく、誰もが気軽に楽しむものになっています。そうした時代においては、美術館が自らの権威性を自明のものとして人々に押しつけることは不可能です。美術館が今後も文化の判定者であり続けるには、その判定の正しさをわかりやすいかたちで人々に示す必要があるのです。

現代美術への入り口を広げる

ここで問題となるのは、審判者である専門家の判断と一般の理解に距離がある場合です。特に金沢21世紀美術館が扱うような現代美術の領域ではこの問題は深刻でした。現代美術には高踏的で難解というイメージがつきまとっていました。確かに現代美術の作品のなかには、作品を成り立たせているコンセプトや美術史的な文脈を理解していないと、その魅力がわからないものも数多くあります。蓑氏は金沢21世紀美術館での展示の方針について、次のように述べています。

金沢21世紀美術館では、作品を理解するための説明を、きめ細かく行っている。石を転がしておくだけで「作品A」だとか「無題」だとかの題を付けて平然としている作品の多い現代美術だが、作品の価値を説明できないような作品は、金沢21世紀美術館は買わない。未知の表現分野に挑んでいる現代美術にあって、この作品はどういう感動を伝えたいのか、作者のメッセージがなくては展示する意味がない。

（『超・美術館革命――金沢21世紀美術館の挑戦』）

現代美術が難解さを理由に嫌厭《けんえん》されるとしたら、その事態の責任の大半は作品を見せる側にあります。金沢21世紀美術館では、作品についての説明をわかりやすい言葉で書き、それを作品のそばに掲示したり、パンフレットにして置いたりという工夫をしています。また学芸員が館内を巡回して、作品について丁寧に説明するという取り組みも行っています。作品を理解する環境を整えることは美術館の役割のひとつであると同時に、そうした取り組みを通じて多くの人が美術館へ行きやすくなることも重要です。単に美術館を「開く」だけではなく、現代美術への入り口を広げることも重要なのです。

またこの美術館内には無料で鑑賞できる現代アート作品が恒久展示されています。そのひとつにジェームズ・タレルの『ブルー・プラネット・スカイ』があります。この作品は正方形の石室のような部屋で、天井の中央部分が正方形に切り取られ、そこから空を見ることができます。室内に入り、石のベンチに腰掛けて空を見上げていると、時間や天候によって空の光が刻々と変化していき、それを注視することで鑑賞者の意識が研ぎ澄まされていきます。作者のジェームズ・タレルは現代のアメリカ美術を代表する作家のひとりです。彼は知覚心理学をはじめとする自然科学の知見を美術と結びつけ、光を素材としたアート作品を制作することで知られています。

アルゼンチン出身のレアンドロ・エルリッヒの『スイミング・プール』もよく知られた作品です。一見すると水を湛《たた》えた普通のプールですが、実際は透明なガラス板の上に深さ一〇センチ程度の水が張られているだけで、ガラス板の下は水色の空間になっています。この空間には美術館のチケットを購入した入場者は自由に入ることができます。そのため外の無料スペース（二〇一九年四月より地上部分も有料化）からプールの水面を見ていると、突然プールの底に人の姿が現れます。

このように金沢21世紀美術館では作品を無料スペースに恒久展示することで、より多くの人に現代美術に身近に接してもらうことを目指しています。もうひとつ付け加えるならば、タレルの作品もエルリッヒの作品も「体験型」であることが大きな特色です。写真や動画といった複製メディアで見るだけでは、これらの作品の真の面白さは伝わりません。実際にその場に足を運び、現実の空間のなかに身を置くことで、初めて作品の鑑賞が成立するのです。こうした種類の優れた作品を持つことは、美術館にとっても重要なのです。

初代館長を務めた蓑氏は大阪市立美術館の「フェルメール展」で大成功を収めるなど、美術館のマネージメントに長《た》けた人です。金沢21世紀美術館でもその蓑氏の手腕が発揮され、開館一年目で来館者数が約一五〇万人に達しました。この驚異的な数字がメディアにも注目され、金沢21世紀美術館は一躍話題の美術館となりました。二〇一五年には北陸新幹線の開通もあり、その後も来館者数は順調に推移して、二〇一八年度には約二五八万人を記録しました。

都市とアートの相互作用

記録的な来館者数というわかりやすい指標の陰に隠れがちですが、コレクションや企画展の質の高さも成功の要因のひとつといえるでしょう。美術館建設計画の早い段階で長谷川祐子氏を学芸課長に起用し、彼女の主導のもとに収蔵作品の選定が行われました。長谷川氏は多くの美術館で現代美術の展覧会を企画した経験を持ち、現代美術の国際展イスタンブール・ビエンナーレの芸術監督を務めるなど、同時代の現代美術の国際的な動向に精通した人物です。作品の収集方針としては「一：一九八〇年以降に制作された新しい価値観を提案する作品」「二：一の価値観に大きな影響を与えた一九〇〇年以降の歴史的参照点となる作品」「三：金沢ゆかりの作家による新たな創造性に富む作品」の三点が挙げられています。

開館以後の主要な個展、回顧展としては、マシュー・バーニー（二〇〇五年）、ゲルハルト・リヒター（二〇〇五年）、奈良美智《よしとも》（二〇〇六〜二〇〇七年）、ロン・ミュエック（二〇〇八年）、杉本博司（二〇〇八〜二〇〇九年）、オラファー・エリアソン（二〇〇九〜二〇一〇年）、ペーター・フィッシュリ&ダヴィッド・ヴァイス（二〇一〇年）、ス・ドホ（二〇一二〜二〇一三年）、フィオナ・タン（二〇一三年）、トーマス・ルフ（二〇一六〜二〇一七年）、ジャネット・カーディフ&ジョージ・ビュレス・ミラー（二〇一七〜二〇一八年）などがあり、いずれも国際的に高い評価を得ている現代作家ばかりです。これらの展覧会を見るために、ほかの都市から金沢まで足を運ぶという現代美術ファンも少なくありません。

また二〇〇八年には「金沢アートプラットホーム２００８」という新しい試みを実施しています。これは金沢市内の公園や商店街、空き家などを使って現代美術作品の展示、ワークショップの開催などを行うというプロジェクト型の展覧会です。当時の館長だった秋元雄史《ゆうじ》氏はこのプロジェクトの狙いについて次のように述べています。

「金沢アートプラットホーム２００８」は、（中略）社会と自覚的に関係を持ちながら活動するアーティストたちと継続的にプロジェクトを行うことによって、金沢の街に暮らす人々とアーティストが協同する場を生み出してゆこうというものです。・「アートプラットホーム」とは、文字通り、駅のプラットホームをイメージし、そこでは、アートを介して人々が出会ったり、情報が行き交うことで新しい出来事の誘発を可能にします。それによって、会社、家庭、学校、地域、といった社会のさまざまな枠組みのあいだに新たなバイパスをつくること、人々のあいだに対話を生み出し、都市がいきいきとした活動の場となることを目指しているのです。

（金沢アートプラットホーム２００８　開催趣旨）

つまり現代美術の展覧会を実際の街なかで展開し、そこで生まれる都市とアートの相互作用を通じて、都市の新しい魅力を見出《みいだ》すことがこの展覧会の狙いです。すでに述べたように金沢21世紀美術館は「街や市民に向けて開かれた美術館」というコンセプトでスタートしました。ここで使われている「開く」という動詞には、何かを受け入れるという受動的なニュアンスがあります。それに対して「アートプラットホーム」が示しているのは、次のステップとして、美術館の側が街や市民に対して能動的にコミットしていくという姿勢です。これは美術館が建築物というハードの制約にとらわれず、より柔軟なかたちで街のなかに拡散、浸透していく試みといえます。

人々をつなぐ現代美術や美術館の役割

二〇一八年、金沢は中国のハルビン、韓国の釜山《プサン》とともに東アジア文化都市の開催地になり、「東アジア文化都市二〇一八金沢」を開催しました。東アジア文化都市は日本、中国、韓国の三カ国で芸術文化による発展を目指す都市を選定し、その都市でさまざまな芸術文化イベントを開催するものです。金沢21世紀美術館では、この「東アジア文化都市二〇一八金沢」のコア事業として「変容する家」という展覧会を実施しました。この展覧会は金沢の街なかに存在する使われていない日常空間を探し出し、そこで日本、中国、韓国の現代美術作家が「家」をテーマにした作品を発表するというものです。参加作家は川俣《かわまた》正（日本）、ス・ドホ（韓国）、ソン・ドン（中国）など二二組。市内の三つのエリアを舞台に、空きビル一棟を使った川俣の巨大なインスタレーションなど多彩な作品が展示されました。このプロジェクトで興味深いのは、多くの作品が市内に点在する空きビルや空き店舗といった廃スペースを展示場所にしている点です。いわゆる商店街の衰退は金沢のような観光都市においても深刻です。「変容する家」のようなアートプロジェクトが問題の根本的な解決につながるとはいい難い部分もありますが、少なくとも観光ブームに隠れた都市の問題を可視化していることは確かでしょう。

また金沢21世紀美術館の成功は、工芸の分野にも波及的な効果をもたらしています。それを端的に示しているのが、二〇一六年から始まった「金沢21世紀工芸祭」です。これは工芸をテーマとした大規模なフェスティヴァルで、市内各所を会場に多彩なプログラムが用意されています。ここでは、アートや建築、あるいは食文化といった隣接するジャンルとの連携を深めつつ、工芸の持つ多様性や可能性を広げる試みを見ることができます。

金沢21世紀美術館が構想された一九九〇年代半ばは、その前のバブル時代の反省もあり、いわゆる箱物行政への批判がたいへん強かった時代です。この時代に新しい公立の美術館のプロジェクトを立ち上げるには多くの困難が伴いました。特に現代美術を中心とした美術館をつくることに対しては、伝統工芸が暮らしのなかに根づいた都市だけに、市民からの反対の声もありました。しかし結果としては、賛成と反対の双方からの議論を通じて、金沢に現代美術館をつくることの意味や意義が深く掘り下げられていったことも事実です。現在の金沢21世紀美術館は「まちに活き、市民とつくる、参画交流型の美術館」をミッションとして掲げています。ここで強く意識されているのは、美術館や現代美術が都市のなかで持つ新しい役割、つまり人と人をつなぎ、活発な対話を生み出すような媒介者としての役割なのです。

第二章　文化を用いて都市や地域の再生を実現
——ドイツ（エムシャー川流域）・スペイン（ビルバオ）・フランス（ナント）

ドイツ・スペイン・フランスの事例

ヨーロッパではいち早く一九七〇年代から経済成長の限界に直面し、産業構造の転換によって疲弊する都市や地域が増加しました。かつて地域の経済を支えた重工業などの産業が急速に衰退し、人口は減少、以前は住民の誇りであった都市のイメージもネガティヴなものになっていきました。こうした状況のなかで多くの都市が再生への道を模索しましたが、九〇年代以後は特に文化による都市再生が注目を集めるようになります。ここで取りあげる三つの事例（ドイツのエムシャー川流域、スペインのビルバオ、フランスのナント）はいずれも工業の衰退という同じ問題から出発し、文化を積極的に用いて都市や地域の再生を実現しました。けれどもその手法や再生の理念は微妙に異なります。例えばビルバオでは新しい経済成長の起爆剤として文化を位置づける傾向が強く、エムシャー川流域ではエコロジー的な意味での再生と文化の共存、ナントでは文化を通じての住民の生活の質の向上が重視されています。もちろんこれはあくまでも力点の置き方の違いです。ビルバオやナントにも環境の再生という側面がありますし、エムシャー川流域やナントでは文化がもたらす経済的な効果が無視されているわけではありません。文化による都市再生という点では同じでも、それぞれが思い描いた「再生」の姿には多くの違いがあるのです。

「IBAエムシャーパーク」の三つの特徴

最初に取りあげるのはドイツのルール地方のエムシャー川流域で行われた地域再生プロジェクトです。ルール地方は一九世紀後半から第二次世界大戦後までドイツ最大の重工業地帯でした。しかしその後は基幹産業の石炭や製鉄が衰退し、自動車やエレクトロニクス産業が集中する南ドイツに経済・産業の主役の地位を奪われてしまいます。一九九〇年代には六〇万人以上の雇用が失われ、失業率は一三パーセントに達しました。また長年にわたる工業化は、川や土壌の汚染、森林の破壊など環境に深刻なダメージを与えていました。「ＩＢＡエムシャーパーク」はルール地方のエムシャー川流域で一九八九年から九九年まで行われた地域再生事業です。対象となった地域は、長さ約八〇キロメートル、面積で約八〇〇平方キロメートル、一七の自治体に二〇〇万人以上が暮らす広大なエリアです。ここで一〇〇を超える多様な再生プロジェクトを実施し、環境的にも経済的にも疲弊した地域をよみがえらせるという壮大な実験でした。後ほど詳しく説明しますが、この事業はエムシャー川流域が属するノルトライン＝ヴェストファーレン州政府が出資した公社が全体を統括し、個々のプロジェクトを民間企業や市町村が担うかたちで進められました。

ＩＢＡエムシャーパークでは地域のエコロジカルな再生に力点が置かれています。その目標は水（河川）と緑（森）を骨格とする豊かな自然を取り戻すことでした。名称に「パーク」が使われているのは、文字通り全域を緑地化して公園として整備するという意志の表明です。また炭鉱や製鉄所などの遺構を保存・活用し、住民が地域の歴史に対して誇りを持てる環境を整えることも重視されました。そのほかに環境への負荷の少ない住宅の整備、新しい産業の創出、社会的・文化的活動の活性化も基本理念に盛り込まれました。それは緑のなかで暮らし、働くという、脱工業化社会の新しいライフスタイルの提唱も意味していました。

IBAエムシャーパークの特徴は大きく分けて三つあります。ひとつ目はすでに述べたように、汚染され、破壊された環境を生態系を含めて再生する点です。例えば産業目的で開発された土地の二割を再利用し、八割を自然に戻すことで新たに「ランドスケープパーク」という緑地を地域内に数多くつくるという取り組みなどがこれにあたります。

ふたつ目の特徴はマネジメントの面でIBA（国際建築展）を活用している点です。IBAは建築展と都市開発が融合したドイツ独自の建築事業です。ある地域や都市で国際建築展を行い、コンペで採用した設計案をもとに施設を建設したり、整備したりします。そうしてつくられた質の高い建築は建築展が終了した後も都市に残り、街並みの一部となります。例えばシュツットガルトで一九二七年に実施されたヴァイセンホーフ・ジードルンク展はモダニズムの住宅建築をテーマにしたIBAで、ミース・ファン・デル・ローエ、ル・コルビュジエ、ヴァルター・グロピウスなどが参加したことで知られています。このようにIBAは国際的な知名度も高く、過去に多くの実績を有する建築イベントなのです。より

IBAエムシャーパークはこのIBAという形式を利用した地域再生の試みです。よりわかりやすく説明すると、エムシャー川流域を会場にして一〇年の期間で、国際的な建築展を開催。建築展のテーマは地域再生で、個々の再生プロジェクトが建築展の参加作品となります。そしてそれらは建築展の終了後も、地域の人々に役立つものとして残り続けるわけです。

IBAエムシャーパークを実施するにあたって、ノルトライン＝ヴェストファーレン州はIBAを主催・統括する組織として一〇年期限の有限会社「IBAエムシャーパーク公社」を設立しました。いっぽう個々の再生プロジェクトの事業主体は自治体や民間です。公社はまず全般のガイドラインとなる基本理念を制定し、公表しました。つまり建築展の目標として地域のあるべき未来像を提示したわけです。そして各事業者からの申請の内容を審査し、基本理念に合致したものにIBA参加事業の認定を与えました。公社の役割はそれだけではなく、個々のプロジェクトにコンサルタントとして積極的に関わり、設計者

を選ぶ国際コンペの実施や宣伝活動も行います。

そして三番目の特色は、すでにあるものを残しながら部分的に新しいものを加えていくという手法が推奨された点です。例えば工場などの施設を可能な範囲で残し、別の機能を付け加えることで新しい用途に対応できるようにします。こうしたコンバーションの手法は現在の都市再生ではごく一般的ですが、IBAエムシャーパークが構想された八〇年代末には新しい考え方でした。

低成長の時代に持続可能な都市再生のモデル

古いものを修復し用途転換して使うというコンセプトの実例はIBAエムシャーパークに数多くあります。いちばんよく知られているのは、ヨーロッパ最大の石炭鉱山であったツォルフェライン炭鉱でしょう。一九八六年に炭鉱の操業が終了すると、州政府が敷地を購入し、産業遺構として保存する方針を固めました。施設の保存と整備はIBAの参加事業として立案、実施されました。炭鉱内の遺構のなかでいちばん有名な第一二採掘坑は、一九三〇年代に建築家のフリッツ・シュップとマルティン・クレマーがバウハウスのモダニズムの影響を強く受けて設計したものです。「世界でもっとも美しい炭鉱」とも評されるこの採掘坑の一部（ボイラー室）は、一九九七年にノーマン・フォスターの手でデザイン・ミュージアムとして再生しました。

二〇〇一年にツォルフェライン炭鉱はユネスコの世界遺産に登録されます。さらに一九九九年にIBAエムシャーパークが終了した後も保存と再利用の取り組みは継続し、レム・コールハースのOMAによる新しいマスタープランをもとにしたリノベーションが行われました。現在はビジターセンター、ルール地方の産業史を紹介する博物館、商業施設、イベントスペース、オフィス施設などが完成し、デザインやエンターテインメント系のビジネスの拠点にもなりつつあります。また二〇〇六年には、施設内に新築の建物である「ツォルフェライン・スクール・オブ・マネージメント・アンド・デザイン」（設計は日本のSANAA）が完成しています。

IBAエムシャーパーク公社の社長としてプロジェクトを推進したカール・ガンザー氏は、その業績によって二〇〇六年の第四回大林賞を受賞しました。受賞に際して行われた記念講演のなかでガンザー氏は次のように述べています。

ツォルフェライン炭鉱遺構　dpa/時事通信フォト

炭鉱施設を再利用して建てられたルール博物館　時事通信フォト

高度成長した工業地域は、それ以上成長しない。これが一般傾向である以上、政治的に成長方策を強要しても期待が持てません。むしろ、これまで通りの成長を前提としないで豊かさを生み出すことを目標とする必要があるのです。つまり、これまでの「同じものを増やす」ことから、「新しいものを増やす」ことへパラダイムを変えるわけです。

この言葉からもわかるように、ＩＢＡエムシャーパークは低成長の時代に持続可能な都市再生のモデルを示す試みといえます。日本でも鉱業や重工業で栄えた都市が産業構造の転換によって人口減などの問題に直面しています。ＩＢＡエムシャーパークの実験は、今の日本にとっても問題解決への多くのヒントを与えてくれるはずです。

工業都市から観光都市へと転換したビルバオ

次はスペインのビルバオです。ビルバオはバスク州最大の都市で、周辺の市町村を含めたバスク都市圏の人口は約一〇〇万人。これはバスク州全体の人口の半分にあたります。一九世紀後半から二〇世紀初頭にかけて鉄鋼業を中心とした工業化が急速に進み、第二次大戦後も重工業を基盤産業として発展を続けました。しかし七〇年代後半から八〇年代になると重工業が衰退し、徐々に工業都市としての性格を失っていきます。こうした状況に危機感を抱いたバスク州は一九八九年にビルバオの再生に向けた「ビルバオ大都市圏活性化戦略プラン」を策定します。これは港湾・交通インフラの整備、大規模な地域開発、美術館などの文化施設の建設などを含むもので、総額は一五億ドルという巨大なプロジェクトです。

スペインは一九七八年に憲法が改正され、フランコ時代の中央集権から地方分権へ移行しました。これによってビルバオを含むバスク州は高度な自治権を獲得。財政面での自由裁量権と幅広い領域での政治的な決定権を持つことになりました。「ビルバオ大都市圏活性化戦略プラン」のような大規模な再開発や都市計画事業でも中央政府の関与はなく、州政府の主導による官民協力のかたちで行われています。

「ビルバオ大都市圏活性化戦略プラン」が目指したのは、ビルバオをそれまでの工業都市からサービス産業と観光に立脚した都市へと転換することです。そして都市の新しいイメージ作りで決定的な役割を果たしたのが、一九九七年に開館したビルバオ・グッゲンハイム美術館です。この美術館がオープンしたことでビルバオを訪れる観光客が急増。入場者数は最初の五年間で約五一五万人に達しました。雇用の創出などの経済的な波及に加え、美術館の存在によって市民が都市への誇りを回復するなど、「ビルバオ効果」という言葉を生み出すほどの大きなインパクトを与えました。

グッゲンハイム美術館はニューヨークを代表する近現代美術館のひとつで、マンハッタンのアッパーイーストにあるフランク・ロイド・ライト設計の美しい建物でもよく知られています。一九八八年にトーマス・クレンズが館長に就任してからはアメリカ各地や海外に分館を建設するグローバル戦略を積極的に推し進めていきます。これまでに設立・運営された分館はビルバオのほかにグッゲンハイム・ラスベガス（二〇〇一～二〇〇三年）、ドイツ・グッゲンハイム・ベルリン（一九九七～二〇一三年）などがあり、現在計画中のものとしてはグッゲンハイム・アブダビ（二〇二三年開館予定）があります。また過去に建設計画が公表されたり、候補地に上がったりした都市にはグアダラハラ（メキシコ）、ヴィリニ

ビルバオ・グッゲンハイム美術館　dpa/時事通信フォト

ユス（リトアニア）、リオデジャネイロ、ヘルシンキなどがあります。

ビルバオ・グッゲンハイム美術館もこうしたグローバル戦略の一環として構想されたものです。バスク州政府がソロモン・R・グッゲンハイム財団（グッゲンハイム美術館を運営する財団）にビルバオの再開発への参加を要請し、財団がそれに応じるかたちで、美術館建設とプログラム提供に関する基本合意が結ばれました。美術館の建設費用（約一億ドル）はバスク州政府が負担し、美術館も州政府の所有です。運営は州政府とグッゲンハイム財団が共同で設立した新しい美術館財団が行い、グッゲンハイム財団は美術館のコレクションのほか展覧会企画や運営のノウハウを有償で提供しています。

美術館の設計を担当したのはフランク・ゲーリーです。六〇年代からロサンゼルスを拠点に活動する彼は、先鋭的な設計手法で世界の建築界をリードする有名建築家のひとりです。航空工学で用いられるソフトウェアを建築設計に応用することで、きわめて独創的な外観の建物をデザインすることで知られています。ビルバオ・グッゲンハイム美術館は曲面のチタンパネルを複雑に組み合わせた外観が特徴ですが、それはこうした独自の設計手法の賜物なのです。

ビルバオ・グッゲンハイム美術館の成功以後、有名建築家によるアイコニックな建築を特色とする美術館が世界各地でつくられるようになりました。観光資源としての価値が再認識された結果、新築の美術館は競うように斬新なデザインを採用しました。世界中で美術館が急増するという状況のなかで、今までにない競争に晒《さら》されている美術館にとって、一目でわかる特徴的な外観はブランド力を高める格好の手段と考えられたわけです。ビルバオ・グッゲンハイム美術館は、美術館建築の歴史のなかでも特筆すべき出来事なのです。

食を文化としてとらえてプロモートする

このようにビルバオの都市再生では、ビルバオ・グッゲンハイム美術館の存在に注目が集まりがちです。しかし最初に述べたように、美術館の建設は包括的な再生プロジェクトのごく一部にすぎません。例えば美術館の立地を見ると、ビルバオ市内を流れるネルビオン川の左岸であることがわかります。この地域はもともと港湾設備や造船所などがあったエリアです。自治州政府は河口にある外港を拡張整備して、ビルバオ港の競争力を高めると同時に、左岸の旧港湾エリアを美術館などの文化施設や公園、遊歩道などにつくり替えるという方針を立てました。つまり再開発としてはごく一般的な手法がとられているわけです。

実はバスク州にはビルバオ以外にもうひとつ注目すべき都市再生の例があります。それは「美食の町」として国際的に知られるサン・セバスチャンです。サン・セバスチャンはビルバオから車で一時間ほどの距離にある、人口一八万人の小さな町です。スペイン全土でミシュランの三つ星レストランは七店ありますが、そのうち三店がこの町に集中しています。しかも食の楽しみはそれだけではありません。市内には旧市街を中心にたくさんのバルがあり、美味《おい》しいタパスやピンチョスを安い価格で提供しています。バルの種類は伝統的な味を守る店からレストラン並みの料理を提供する美食バルまで幅広く、町はいつもそれらの店をめぐって食べ歩きを楽しむ観光客で賑わっています。

美食の町を牽引《けんいん》しているのはフランスのヌーヴェル・キュイジーヌの影響を受け、伝統的なバスク料理の変革を目指した料理人たちです。彼らは時代に合った新しい味覚を追求するだけではなく、調理法の公開や発表の場をつくることで、バスク料理全体の底上げに取り組んできました。ここで重要なのは、地域全体で料理の創造性を高めるというコンセプトが共有されたことです。これによってサン・セバスチャンのレストランやバルで出される料理の質は劇的に向上したといわれています。

サン・セバスチャンは一九世紀にスペイン王家の夏の避暑地として離宮が建てられるなど、リゾート地としての長い歴史があります。また海産物や農産物などの食材にも恵まれています。こうした潜在的な観光資源に加えて、食を芸術や学問と同等の文化として捉え、その価値をプロモートすることにも積極的です。この戦略はシェフの社会的地位の向上や料理教育の充実にも表れています。二〇一一年にはバスク・クリナリー・センターという料理専門の四年制大学が開校しましたが、ここの卒業者には一般の大卒と同じ学位が与えられます。世界各国の有名シェフを特別講師に招き、最先端の調理法の研究と実践的な教育を特色としています。海外からの留学生も多く、従来の徒弟制的な修業に代わる、新しいかたちのエリート養成機関として注目を集めています。文化による地域振興では地域に眠る文化資産に着目し、それを国際的に通用するレベルにまで磨きあげることが大切です。サン・セバスチャンの成功はバスクの他の地域にも波及し、今では食の楽しみはビルバオ・グッゲンハイム美術館と並んで、世界中から多くの観光客をバスク地方へと引き寄せる大きな要因となっています。

ナント市の文化事業

最後に取りあげるのはフランスのナントです。「ラ・フォル・ジュルネ（熱狂の日々）」という名前のクラシック音楽のイベントがあります。個々のコンサートを短時間にすることで一流の演奏を低料金で提供、さらに幅広い内容のプログラムを用意することで、多くの音楽愛好家に支持されている音楽祭です。日本では毎年ゴールデンウィーク期に東京で開催されるほか、過去には金沢、新潟、大津などでも開催されました。この「ラ・フォル・ジュルネ」は一九九五年にフランスのナントで誕生しました。実はこの音楽祭は一九八〇年代末から始まったナント市の都市再生と深い関わりがあります。

ナント市はフランス西部を流れるロワール川沿いの都市で、ロワール川の河口近くに位置するため、古くから造船や海運を基盤産業とする都市として発展してきました。しかし一九七〇年代以降はそれらが衰退し、経済的にも厳しい状況に追い込まれていきます。

この状況に変化をもたらしたのは、一九八九年に三九歳の若さで市長となったジャン・マルク・エローです。都市再生を選挙時の公約に掲げた彼は、経済の活性化や文化事業の振興を目的とした大規模なプロジェクトに着手しました。そのなかでもよく知られているのは、ロワール川の中洲にあるナント島のプロジェクトと古いビスケット工場を文化施設にリノベーションした「リュー・ユニック」です。かつての造船所や工場の跡地が荒廃した状態で放置されていたナント島は、文化、観光、スポーツなどの施設や公園を含む緑の島として再生しました。このプロジェクトで実現した施設のひとつに「レ・マシーヌ・ド・リル」というアミューズメント・パークがあります。直訳すると「島の機械たち」と

リュー・ユニック　dpa/時事通信フォト

いう意味ですが、この遊園地の売り物はジュール・ヴェルヌの空想小説の世界を思わせるユニークな機械（遊具）の数々です。機械のデザインを担当したのはナントに拠点を置く「ラ・マシーヌ」というクリエーターの集団です。つまり「レ・マシーヌ・ド・リル」は、ひとつのクリエーター集団の世界観をそのまま楽しむ施設になっているわけです。

いっぽう「リュー・ユニック」の出発点は、ナントに拠点を置く国立の演劇機関がビスケット工場のスペースに着目し、ここを実験的な文化イベントの場として活用する提案を行ったことです。エロー市長がこれを受け入れ、ナント市が工場跡を買収し、文化施設へのリノベーションが行われました。リノベーションにあたっては、手を加える部分を限定し、元の工場の佇《たたず》まいを残す手法がとられています。完成した「リュー・ユニック」の運営はCRDC（Centre de Recherche pour le Développement Culturel）が行いました。今でも演劇、音楽、ダンスなど幅広い領域の芸術活動を紹介する芸術センターとして利用されるいっぽう、市民が気軽に訪れることができる交流の場にもなっています。

フランス国内でもっとも住みたい都市へ

このようにナント市の文化事業では、アーティストが最初からプロジェクトに参加し、彼らとともに企画を練り上げていくことが大きな特色となっています。すでに触れた「ラ・フォル・ジュルネ」でも同様のことがいえます。もともとナントの音楽協会の代表であったルネ・マルタンがまったく新しいコンセプトの音楽祭をナント市に提案。ナント市が助成する文化事業として一九九五年にスタートしました。発案者のルネ・マルタンは音楽祭のディレクターに就任し、その優れた企画力を活かして市民密着型の音楽祭をつくり上げました。現在では一月末から二月初めの五日間に一〇万人以上の観客を集めるフランスでも最大級のクラシック音楽のイベントに成長しました。

こうした文化事業の実現には行政トップの強いリーダーシップが不可欠です。ナント市の場合はエロー市長によるトップダウン式の進め方が特色で、たとえ先鋭的なアートイベントであっても文化的な価値を認めれば、市長が議会を説得することもあったといいます。

ちなみにエローの下でナント市の文化局長を務めたジャン・ルイ・ボナンは、ジャック・ラングが一九八九年から二〇〇〇年までフランス中部のブロワ市の市長だったときの部下です。ラングはミッテラン政権の文化大臣として文化行政の地方分権を実行し、大衆文化を芸術として認知するなど新しい文化政策を実施しました。エロー市政はそうしたラングの考えを受け継ぎ、文化による都市再生を実践したといえます。

エローは二〇一二年に市長を退任した後、オランド大統領の下で首相を務めるなど、国政でも活躍しました。彼の市長在任は二三年に及びましたが、文化事業を含む都市計画で彼が一貫して重視したのは、「市民の生活の質を高める」という視点です。「リュー・ユニック」や「ラ・フォル・ジュルネ」も、それらがもたらす経済効果よりも先に、幅広い市民に豊かで多様な文化を提供するプロジェクトとして構想されているわけです。その結果、現在のナント市は若者層を中心に人口が増加し、「フランス国内でもっとも住みたい都市」の調査でも常に上位にランクされています。

第三章　「芸術は日々の一挙手一投足と同化したものでなければならない」
――ジャック・ラング×大林剛郎　対談

文化のための闘い

二〇一八年の第一〇回の大林賞の受賞者はフランスの政治家ジャック・ラング氏でした。ラング氏は長年にわたってフランスにおける文化や都市の革新に貢献してきました。一九八〇年代以降のフランスでは、大衆文化を含む幅広い文化領域への助成と育成、文化の地方分権化が進められました。こうした新しい取り組みは、彼の存在を抜きにしては語れません。また文化事業を通じての都市の再生や活性化についても独自のヴィジョンに基づく政策を進めました。

大林財団提供

Profile

ジャック・ラング

アラブ世界研究所（IMA）理事長。元フランス文化大臣。1939年フランス生まれ。パリ政治学院卒業。法学博士。1963年ナンシー国際演劇祭の前身であるナンシー演劇祭を創立し、実行委員長を務める。1981年フランソワ・ミッテラン大統領の下で文化大臣に抜擢される。1995年シラク政権誕生で閣僚を退くまでに、革命200年担当大臣、情報担当大臣、国民教育大臣などを兼務。2013年より現職。文化大臣としてハイ・アートとロー・アートの垣根を取り払い、写真、大衆音楽、デザインなどの分野も国の支援対象とした。また、地方自治体への文化予算の移譲をすすめ、地方分権化を推進。長年にわたる大胆な文化政策改革や地方創生への取り組みがフランス国内で多大な影響を与え続けてきた。第10回大林賞を受賞。

ラング氏と文化の関わりは一九六〇年代にまで遡ります。一九六三年にフランス北東部の地方都市ナンシーで、ナンシー演劇祭（後のナンシー国際演劇祭）を設立し、一九七七年まで総監督を務めました。この演劇祭は世界各国から先鋭的、前衛的な劇団や演出家、劇作家を数多く招聘《しょうへい》し、高い評価を得ると同時に、地方都市を文化事業で活性化させる先駆的な事例にもなりました。

一九八一年に文化政策を重視したフランソワ・ミッテランが大統領に就任すると、ラング氏は文化大臣に抜擢されます。国際法の専門家であり、パリ政治学院でも学んだ彼に任された仕事は、時代に即した文化振興のための新しいヴィジョンを構築し、それに基づく政策を立案することでした。その結果、文化大臣在任中にフランスの文化予算は国家予算総額の一パーセントを占めるまでになります。また文化予算の地方への移譲を立案し、文化の地方分権を推し進めました。同時にミッテラン政権は一九世紀のオスマン以来ともいわれる大規模なパリ改造を行いましたが、ここでもラング氏はルーヴル美術館の大改修や新オペラ座の建設などを通じて、パリの都市文化を時代の変化に対応したものに改革しました。

ラング氏は自らの長年にわたる活動を「文化のための闘い」であったと回想しています。その闘いを支えたのは、よりよい社会を実現するには文化の存在が不可欠であるという強い信念です。高級文化と大衆文化の垣根を取り払い、創造的な試みを支援するいっぽうで、社会の幅広い人々が文化を享受できるインフラを整備する。こうした多面的かつ実践的な理念は、日本での現代文化の育成や地方創生にとって、今なお参考にすべき点を多く含んでいます。今回のインタビューは、私が書面で送った質問に対してラング氏が回答するという形式で行われました。

地方における文化のあり方

大林　あなたはミッテラン政権で文化大臣に在任中、フランスの文化政策を刷新しました。特に行政による支援の対象を美術やクラシック音楽といった高級文化以外の領域、例えば漫画やポピュラー音楽、デザインなどの分野にも広げたことはよく知られています。あなたがこうした文化政策の大転換が必要だと考えたのは、どのような理由からですか？

ラング　私はずっと以前から、文化というのは昔からいわれているような「美術《ボザール》」や

「文芸《ベルレットル》」に限定されるものではないはずだと考えていました。ですので、文化省の活動がすべての国民のため、あらゆる技芸の文化を射程に入れるよう、闘ったわけです。最初は、一部の「主要な」技芸がその他の「瑣末《さまつ》な」技芸の上に君臨するなどということはないのだ、と表明することから始めました。

新しい才能の台頭を促すには、ありとあらゆる方面の技芸、特に周縁に追いやられている技芸を奨励することが重要です。ひとつには経済的な援助（奨学金、公的なオファー、展覧会やイベントの支援）というかたちをとりましたが、単に認知することで評価する、というやり方もありました。例えば、アングレーム国際漫画祭に大臣という立場の私が参加する、といったことです。「認知」と「援助」、これが私たちの活動の二本柱だったといっていいでしょう。

漫画の例でいえば、「援助」にあたるのはアングレームに国立漫画イメージセンターを設立し、この分野の高等教育の場を設けたことです。写真についても同様で、一九八一年以来アルル国際写真フェスティヴァルに顔を出し、次いでは国立写真学校を設立しました。工業デザインの分野では奨学金を制度化し、大統領官邸の調度などをはじめ積極的に仕事

アングレーム国際漫画祭　AFP＝時事

の依頼を出し、それから国立高等工業デザイン学校も設立しました。ほかにも例えば、当時は文化省の活動とは完全に無関係なものと見なされていたストリートアート、それから料理の分野、それに「音楽の祭日」でロックミュージックをはじめとして音楽というもの自体がより浸透したと思いますし、「音楽の祭日」自体も全ヨーロッパに広がり、今では国際的なものになっています。

まだまだいくらでも例は挙げられますが、なんにしても大事なのは三つの軸が同時に存在することです。認知すること、援助すること、そして専門の教育機関を設立することですね。こうしてつくられた学校から、たくさんのフラン

アルル国際写真フェスティヴァル　AFP＝時事

ス人クリエイターが世界中に羽ばたいていきました。そして、文化省による奨励が市場によって引き継がれて、より大きな動きになっていったことも少なくありません。

大林　あなたはフランスの地方における文化のあり方に常に大きな関心を払ってきました。若いころのナンシー演劇祭での活動はよく知られていますし、ミッテラン政権下の文化大臣としては、それまでパリに集中しがちであった文化政策の地方分権を推し進めました。地方において新しい文化的活動を展開するにはさまざまな困難が伴うと思いますが、あなたがもっとも注意したのは、どのような点ですか？

ラング　私の文化のための闘いは、大学演劇祭をつくったナンシーで始まりました。そうして二〇歳のころから、上演に対する地元の反発にもぶつかりましたし、またいっぽうで芸術家と観客との出会いの機会というものもじかに目にしてきました。

文化大臣となって、私はフランソワ・ミッテラン大統領の大規模な地方分権化政策と協働することになるわけですが、技芸という分野に関して特に注意したのは、各地方の代議士たちが伝えてくる要求と地元の熱心な活動家たちの要求、それに仕事の質やプロ意識が要求するものとのバランスをとることでした。そういった理由から、多くの活動が国家と地域圏のあいだ、また国家と県や町とのあいだの契約というかたちをとりました。そこで地方レベルでも国家の代理人が必要となり、そのために、文化省の出先機関を各地域圏に置くことにしました。それが各地の地域圏文化事業局です。[*1] それぞれの局長には経験と信念を持った人間を配しました。彼らは、価値ある試みを支えていくために、ときには腰の重い相手や敵対的な相手にも立ち向かっていかねばなりませんから。

こうした試みは豊かな成果を生みました。例えばアルルにおける写真の存在はどんどん大きくなり、今ではアルルは世界の写真芸術の中心都市になりました。今日のフランスで

マルシアックのジャズフェスティヴァル　AFP＝時事

は各地の文化施設と歴史的建造物、美術館、劇場や芸術学校のあいだに緊密なネットワークが成立しています。各地で、それこそ小さな村などでも、根強く、また新たにさまざまな自発的な動きが見られます。マルシアックのジャズフェスティヴァルなどは、その最たるものです。ジェール県の人口一三〇〇人ほどの小さな自治体なのですが、毎年のフェスティヴァルで二十数万人という来訪者があります。

大林　美術の分野では、あなたの文化大臣時代に始まった地方の文化振興事業のひとつに、FRAC（Fonds régionaux d'art contemporain 地域圏現代芸術基金）があります。FRACは地方行政区画のひとつである地域圏が主体となって運営される、現代美術のコレクションと振興のための基金です。FRACによってフランスの地方には現代美術の素晴らしいコレクションがいくつも誕生しました。FRACが設立された当初、地方における現代美術のコレクションの必要性といったものは、どの程度人々に認識されていたのでしょうか？

ラング　FRACは一般に受け入れられるまでには多くの反発があったプロジェクトです。一九八一年まで、公的な芸術作品購入はもっぱらFNAC（Fonds national d'art contemporain 国家現代芸術基金）とポンピドゥー・センターの国立近代美術館、パリ市立美術館と、地方の三つの美術館に集中していました。作品購入を決める責任者たちも両手で数えられるほどの人数でした。そういう状態では、各地の公立美術館に現代美術に対して門戸を開くよう求めても難しいわけです。それに当時の館長たちのほとんどは現代芸術の世界とは無縁でしたから。

そうなると、外側からの働きかけが必要ということで、新たにFRACが構想されました。これは各地域圏と国家が作品の購入費用を折半するというやり方です。一九八二年、地域圏が自治権を得ると同時に任命された各地域圏議会の議長たちにこの構想を打診したところ、全員が、ひとり残らず賛意を示してくれました。皆、現代芸術の称揚が自分の地域圏に躍動的な印象を与える手段になるとわかったわけです。

また地域圏によっては、ＦＲＡＣが専門分野を持ち、特化したケースもあります。例えばサントル地域圏オルレアンのＦＲＡＣは建築模型、アキテーヌ地域圏ボルドーのＦＲＡＣは写真、またリール地域圏のＦＲＡＣは工業デザインに特化して、現代デザインの椅子の立派なコレクションを所有していたり、という具合です。

作品購入のため、数カ月のあいだに、二二の地域圏でそれぞれ現代芸術の専門家チームが組まれました。若い芸術家の作品ばかりを買うわけですから、あまり高い買い物にはならなかったのですが、その後に作家たちの多くが有名になりましたから、今ではとても買えない値段になっているでしょうね。そういうわけで、二二のＦＲＡＣは三万点にのぼる作品を買いつけました。

各地のＦＲＡＣは毎年数百の展覧会を開いていて、観覧客の合計は一〇〇万人くらいです。これはポンピドゥー・センターで開かれる展覧会のうち同時代の作品を展示するものだけに絞った場合の観覧客数と同じくらいになります。ポンピドゥー・センターでは、現代芸術といっても二一世紀だけでなく、二〇世紀の作家の展覧会も行われますから。FRACは今日までに、フランス全土で現代芸術への興味と知識を涵養《かんよう》してきました。またコレクションの一部を美術館に移譲した例もあります。例えばペイ・ド・ラ・ロワール地域圏のFRACからナント美術館へ、などです。

大林　このFRACの構想を実現するうえで、いちばんの障害となったのは何ですか？そしてあなたは、いかにしてその障害を克服したのですか？

ラング　ここまでくるには、各地の人員の有能さに賭けねばなりませんでしたし、議員たちの躊躇《ちゆうちよ》に打ち勝ち、作品に新たな教育的用途を見出し、国内を活発に巡回させることも重要でした。障害というものはいつでも存在します。しかし後戻りなどできない行動を起こし、その結果として大きく展望が開けたのです。今では各地域圏の美術館も現代芸術に対して広く門戸を開いています。もはや現代芸術の呪いなどというものは存在しません！

文化政策の指導者に求められるものとは

大林　あなたは二〇代でナンシー演劇祭を立ち上げ、それを国際的な演劇祭にまで育て上げました。ナンシーでの経験は、あなたのその後の活動にどのような影響を与えたと思いますか？

ラング　ナンシー演劇祭の立ち上げは、当初、単に世間知らずで無邪気な学生の情熱に発したものでした。私たちはできると信じこんでいたのです。簡単ではありませんでしたが、私はどうにか地元の議員たちを説得しました。演劇界の人たちは、私たちの呼びかけに気前よく応えて、世界各地から集まってくれました。国際的な規模というなら、彼らが応えてくれたことによって我々の演劇祭は大いに国際的になったわけです。そして、国際的な成功を収めたことで、国内、特に首都の文化関係者たちや政治面での責任者たちの関心が集まるようになったのです。

　この実例を通して私は、文化政策の成功を呼ぶのは芸術家たちなのだと確信しました。また、とても乗り越えられないように見えた障害でも、信念と決意によって粉砕することが可能なのだとも学びました。そしてヴァロワ通りの文化省が私の拠点になって以降も、何度も何度も同じ確信を新たにし続けました。今も地方で産声を上げては発展を夢見ている「命の泉」の数々にしても、パリから認知され発展を支援されるようになるやいなや、瞬く間に大河のように育つのを何度も見てきました。これが私たちの文化的地方分権化、また国土の発展政策だったわけです。

大林　文化によって地域を活性化するためには、行政の強いリーダーシップが必要です。この場合、リーダーに求められる資質とは、どのようなものだと考えていますか？　文化全般への理解、長期的なヴィジョンを描く能力、コンセンサスをつくり上げる能力など、求められる資質は多様ですが、もっとも重要なのは何だと思いますか？

ラング　いちばん大切なのは目的地を明確に見据えていることです。管理・経営者気質の人間ならいくらでもいますが、いくら算盤《そろばん》をはじいても真に指針や展望を示すことはできません！　文化政策の指導者に求められるのは、想像力、創作活動の身近に立つこと、なんでしたら自身も芸術家であることです。例えばＩＲＣＡＭ（Institut de Recherche et Coordination Acoustique/Musique フランス国立音響音楽研究所）を創設して所長を務めたピエール・ブーレーズなどがよい例です。そして副官として管理・経営能力に優れた人間が付くことも重要です。ですから、二人の連名でもよいでしょう。国立ナンテール・アマンディエ劇場を指揮した演出家のパトリス・シェローとカトリーヌ・タスカのコンビのように。

大林　ミッテラン政権下ではレ・グラン・トラボー[*2]（大工事）と呼ばれるパリの大改造が行われました。このプロジェクトでは、バスティーユの新オペラ座や新しい国立図書館の建設、ルーヴル美術館の刷新など文化活動に関わる建築物が大きな比重を占めていました。レ・グラン・トラボーはパリという歴史ある都市を刷新する一大プロジェクトだったわけですが、そこで文化という側面が重視されたのは、なぜだとお考えですか？

ラング　文化にまつわる大工事は、フランソワ・ミッテランにとっても、私にとってと同様、きわめて当然の義務でした。根底にあったのは、フランスという国家に、芸術や文化へのアクセスを最大化するための現代的な道具立てを持たせたい、という意思です。私たちの政策の指針は社会主義でしたから、「万人に文化を」というのはいわば至上命令だったのです。そういうわけで、かなり時代遅れになっていた多くの施設の近代化は急務でした。大ルーヴル計画も、オペラ・バスティーユの設立もそれが理由です。旧オルセー駅舎の美術館化計画の継続、ラ・ヴィレット公園のシテ科学産業博物館、フランス国立図書館の新館建設もそうです。

またそれらと並行して、前任者たちの始めた事業の拡大も行いました。ポンピドゥー・センターは新たな企てを立案する能力を示し、来館者たちの期待が大きいことも証明してくれました。そのように文化的な遺産を前面に押し出しつつ同時代の創作活動と結びつけることで、私たちは自国の宝を最大限多くの人たちに開放することができたのです。

それと同時に、私たちは芸術を誰でも手の届くものにしようとしました。これは一九八一年から教育省と一緒に始めた大仕事です。私自身が今度は教育相の任に就いた二〇〇〇年から二〇〇二年にもこの意思を持ち続け、文化省と組んで学校での芸術教育のための五カ年計画を打ち出しました。「万人に文化を」というのは、市民間のつながりや分かち合いを発展させていくということです。現代のような前代未聞の技術変革、政治的・社会的変動の時代にあって、これこそがいちばん大切なことだと私は思っています。文化的活動こそが、猜疑心《さいぎしん》や孤立の広がりと闘う最良の手段ではないでしょうか。

ルーヴルを文化のコンビニエンスストアに堕《お》としてはいけない

大林　あなたは一貫して、国家や自治体などの公的セクターが文化を支援することの重要性を主張してきました。今日、文化全般がますます市場中心的、消費的傾向を強めるなかで、文化に対する公的な支援はどのようにあるべきだと考えていますか？

ラング　公的な文化支援は最優先されるべき事項だと思っています。もう何年も、国家にとって、それどころか市民にとってさえ、文化というものが熱烈な義務ではなくなってしまっているのはたいへん残念なことです。「黄色いベスト」運動[*3]でも、ほかの国家規模での議論でも、文化の話の出ることがあったでしょうか？　残念ながら答えは否です。今日の社会の危機的状況は、その多くの部分が本質的には文化の危機、自己をどう規定するかという模索の難局であり、現に進行している経済的・社会的変動に対する疑念であるのにもかかわらずです。

だからこそ、文化方面への公的な投資がこれまで以上に大切だと私は思っています。これまでずっと言ってきたように、これはただ有用であるばかりか、もっとも市民に対する見返りが期待できる公共投資でもあります。私が文化政策のために国家予算の一パーセントを要求したのはこういう考えがあってのことです。今ならば、二パーセントを要求すべきかもしれません。教育水準の向上や国民の文化への希求だけを見ても、需要は増大しているわけですから。

もちろん、そうすることでの見返りも、より大きくなっています。大ルーヴル計画にしても、社会的な影響、文化面や観光面の効果を計算してみれば、経済的に非常に健全な事業だったといえるでしょう。私は文化政策をケインズ流に考えるのはよいことだと思っています。文化への投資は保育園の段階からを対象と見るべきでしょう。そして地方自治体によって維持されるべきです。ですから、カンペール市が現代芸術センター「ル・カルティエ」を閉鎖したり、新装開館したばかりのル・ピュイ＝アン＝ヴレの美術館が週に三日しか開いていなかったりという話を聞くにつけ、空恐ろしい気持ちになります。国家が国内の公共サービスと文化の維持発展の監視者・守護者として機能できていれば、こういったことは起こらないはずなのです。

大林　フランスでは近年、「緊縮」の名前のもと、文化省の規模が縮小され、文化振興への公的支出も減少する傾向にあります。そのいっぽうで、パリには巨大企業グループを母体とする美術館やアートスペースが次々と開館しています。こうした時代の傾向については、どのように考えていますか？

ラング　企業が文化の後ろ盾になること自体に反感はありません。それどころか、私が文化相だったときには喜ばしいこととして受け止めていました。しかし、文化に対する出資に占める私企業の割合が大きくなりすぎたり、それと対をなすように、公的な文化予算が削減されるのはよくありません。企業が文化の後ろ盾になるのは、あくまで文化を利用して企業自身のイメージを向上させるという論理からです。文化の公的な力があまりに弱まると文化というものの権威自体が消失しかねず、そうなると万人のための文化の発展という理念に対して誰も価値を認められなくなってしまいます。ルーヴルを文化のコンビニエンスストアに堕としてしまってはいけません。主要な文化施設の長たちがもっぱら私企業相手に物乞いをするようになってしまうのもいけません。そういうあり方には原理的に問題があるのです。だから文化国家としての権威を復興しなければならないのです。

文化には人々を団結させる力がある

大林　一九八五年から始まった欧州文化都市（後の欧州文化首都）構想[*4]とその実現に、あなたはギリシアの文化大臣だったメリナ・メルクーリとともに深く関わっています。欧州文化首都はEUが指定した都市で一年間にわたってさまざまな文化イベントを行うという事業です。メルクーリが欧州文化都市構想を提言した背景には、当時のECが経済偏重で、相対的に文化を重視していない状況があったといわれています。あなた自身は、今日のヨーロッパ社会において、文化と経済の関係はどのようなものであるべきだと考えていますか？

ラング　メリナ・メルクーリとはとても親しかったということもあり、彼女がギリシア文化省のトップに就任すると、頻繁に意見交換をして、多くの点について同意見であることを互いに確認しました。ギリシアは一九八一年の一月にECに加入したばかりでした。ギリシアがヨーロッパと協働するという選択を、私たちも、ギリシア側の芸術家たちや文化政策の責任者たちも、ある種の必然として、そして大いに胸を熱くして受け止めたものです。なんといっても、ギリシアは我々の文明の根源となった土地ですし、エウロパ（ヨーロッパ）とはゼウスに愛された王女の名ではないですか。欧州文化都市の構想は、そもそも私自身も参加した話し合いから生まれたものだったと思います。そして一九八五年、アテネを最初の都市に指定するという象徴的な選択をもって、この構想は大成功とともに実体を得ました。

　私はこれまでずっと、はっきりと、ヨーロッパは文化と比べて経済を重視しすぎていると考えてきました。それで人々が明るい未来を思い描けるわけがないでしょう！　日々、世間を見ていればよくわかることです。経済偏重の現状とは逆に、文化には人々を団結させ、動員する力があります。これは今の私たちに残酷なほどに欠けているものです。ヨーロッパ統合の立役者のひとりだったジャン・モネが晩年、「もし統合をやり直すなら、今度は文化面から取り掛かりたいものだ！」と言ったという話があります。事実としてこんな発言があったかどうかはわかりませんが、それでも私はこの言葉の意味するところ、この言葉の見据えている先に心から共感します。今現在、ＥＵでは外交の代表を指名するのにずいぶんと苦労していますが、加盟各国それぞれの慣習はあまりにも異なりますから、ＥＵ全体の文化大臣に相当するような役職などはもはや創設することすら考えられないでしょう。それよりも、ヨーロッパ内の各地方のレベルで相互に交流を持つことのほうが望ましいと思います。これはドイツが公共文化政策として採っている方針です。現にそういうあり方は存在しています。ただ、十分ではない。あるいは、ＥＵ各国の文化相が定期的に会合を持つのもよいでしょう。私は心底から自分をヨーロッパ人だと思っているので、人々がヨーロッパというものに信頼を置けなくなっている現状には心が痛みます。各国がそれぞれの文化の何がしかを共有していくことが、行き過ぎたナショナリズムの増長を阻むことにもつながるでしょう。

またいっぽうで私は、文化という分野が市場原理に支配されてしまうことも心配しています。純粋に利益のみを追求して、教育面や創造性そのものが蔑《ないがし》ろにされてしまうのは恐ろしいことです。一九八一年の国民議会で私は「文化も経済も同じ闘いだ！」と打ち上げました。しかし私がそのように言えたのは、それが文化事業のための国家予算を三〇億フランから六〇億フランに増額する予算案を通すための弁論だったからです。国家が、国家自身が責任を負うべき非営利の公共投資を市場に任せ、押しつけてしまおうとしているような状況では、とても同じような言い方はできません。

断絶の危機に晒されている文化への支援

大林　日本でも近年、疲弊した地方を文化振興によって活性化させるという意見がよく見られます。そうした場合、成功例として挙げられるのが、フランスのナント、イギリスのグラスゴー、スペインのビルバオといったヨーロッパの都市です。日本がヨーロッパでの成功事例から学ぶことがあるとすれば、どのような点だと思いますか?

ラング それらの事例は、確かによいお手本だろうと思います。それらの成功には複数の要因が作用しています。ひとつは立地の有利さで、例えばナントは、パリからそれほど遠く離れずに海の近くの暮らしができる土地で、これが若い世代にとって非常な魅力になっています。また都市の指導部の戦略チームに発想力があって、芸術家たちとの協力体制が整っていることも大きな要因です。ナントの「リュー・ユニック」創設はまさにそのように行われました。「リュー・ユニック」は古いビスケット工場を再生・再利用した文化センターです。またナントでは町自体が芸術の場となるように、特に寂れた区画に芸術家たちを呼び集め、彼らの共生的な暮らしを通して活況を取り戻しています。ここで大事なのは、経済が文化のよき隣人として振る舞うことです。元気な企業を引きつけることも実際必要です。ビルバオ・グッゲンハイム美術館がフランク・ゲーリーに設計を依頼したように、象徴的で力のこもった行動を自ら起こしていくことによって、変革の意志と、想像力や創造性に対して信念を持っていることを他人にも強く印象付けることが大切です。私たちが一九八一年にイオ・ミン・ペイ、ジャン・ヌーヴェル、クリスチャン・ド・ポルザンパルクといった建築家の力を借りたのも、まさに私たちの文化政策がなそうとしている「革命」を象徴的に示すためでした。

大林　今日、インターネットの普及は文化のあり方を大きく変えつつあります。この状況についてあなたはどのように考えていますか？

ラング　この変化は一五世紀の終わりに印刷術の発展とともに起こった変化と同種のもので、私たちはこの変化から距離を置いて無関係でいるということはできません。ただ、印刷術のもたらした変化も大きかったにせよ、今日の技術変革にはそれどころではない強大な力が秘められているように思います。私がひとつ心配しているのは、文化の受容のあり方の変化という側面でしょうか。映画館の大画面の代わりにタブレットで映画を見ることによる映画体験の孤立化は、実像が虚像に取って代わられることにもつながります。芸術作品が、ウェブ上でやり取りされる単なるコピーで代替されてしまうような事態には抗《あらが》わねばなりません。創作活動は、大多数の人にとって摑《つか》みどころのない、半ば架空のもののような、そんな抽象的な現象になってしまってはいけないのです。芸術というのは、日々の一挙手一投足と同化したものでなければならない、私はそう思っています。インターネットが文化に関わるとき、このように作品から切り離されたような状態に私たちを置くのは、一種の脅威だともいえます。もちろんあらゆる分野の芸術家・創作者たちの著作権に対する脅威であることも含めてです。

大林　現代は高級文化から大衆的な文化まで、幅広い文化が人々から支持され、受容される時代を迎えています。こうした時代において、ある地域を文化で活性化しようと試みる場合、どのような文化の配分が好ましいと思いますか？

ラング　まず、断絶の危機に晒されている文化は支援されなければなりません。ひとつの文化というのは多様な文化によって織りあがっています。そのひとつひとつを構成する技芸というのはもともと失われやすいものですし、現代のような技術変革の時代にあってはなおさらです。またそのいっぽうで、その時点でもっとも革新的な手法を用いようという創作活動も、優先順位の上位に置かねばなりません。私たちが一九八〇年代に「オクテット」[*5]という組織を立ち上げて、ビデオの技術を創作に活用したいという芸術家たちの支援にあたったように。要するに、鎖全体を持ち上げるには、両端どちらも摑むべきだということです。伝統的で断絶の危機に瀕している職業や技能（例えば織物など）を支え、同時に、先端技術を用いた意欲的な企ても援《たす》ける。記憶と創造、このふたつが、均整のとれた、妥協のない文化政策の軸でしょう。

（二〇一九年二月二二日〜三月二七日、電子メールによる対話　翻訳／田中未来）

大林財団提供

第四章　文化が都市に不可欠であることを市民が共有する

――香港

ポンピドゥー・センターやMoMAクラスの巨大美術館「M＋」

現在香港では九龍半島の西側で大規模な都市開発が進められています。西九龍文化区（WKCD）と呼ばれるこのプロジェクトは、ヴィクトリア湾に面した四〇ヘクタールの埋立地に約一七の芸術文化施設と公園、ホテル、商業施設などを建設するものです。芸術文化施設の種類は美術館、劇場、コンサートホールなど多岐にわたりますが、その中核となるのは「M＋」という巨大美術館です。

WKCDの構想は二〇〇〇年代はじめにまで遡ります。当初の計画は三つの劇場とコンサートホール、四つの美術館、美術展示場をつくるというもので、香港政府はこのプロジェクトを民間のデベロッパー主導で行う方針でした。当時、有名美術館の分館をつくり、観光客誘致の起爆剤にするという手法はビルバオ・グッゲンハイム美術館の成功以後、急速に普及し、世界各地で美術館のフランチャイズ化とも呼べる現象を引き起こしました。香港でも複数の大手デベロッパーがグッゲンハイム美術館やポンピドゥー・センターといった欧米の有名美術館と組み、それらの分館をつくる方向で検討が進められました。

二〇〇四年にはデベロッパー三社による事業入札が行われる予定でしたが、計画はここで一度頓挫します。デベロッパー一社に任せるという政府の方針に地元の財界や市民が強く反発し、二〇〇四年末には反対デモが起きます。こうした市民からの圧力に押されるかたちで、政府は計画の見直しを余儀なくされます。

そこで新たに練り直された開発構想の目玉となったのが「M＋」です。これは二〇世紀と二一世紀の美術、建築、デザイン、映像、大衆文化などを「視覚文化」として総合的に扱い、そこに香港独自の視点を盛り込むという野心的なコンセプトに加え、規模の面ではポンピドゥー・センターやMoMAクラスの巨大美術館をつくるというものです。

M+

View of M+ building from the Park
© Herzog & de Meuron
Courtesy of West Kowloon Cultural District Authority

二〇一〇年に行われたWKCDのマスタープランのコンペではイギリスのフォスター+パートナーズが勝利しました。「City Park」と題されたフォスター案は、半島状の開発エリアの海沿いの部分を緑に覆われた公園にし、美術館などの文化施設を内陸寄りに建設するというものでした。

香港には市民が憩いのときを過ごせる快適な公共空間が乏しく、フォスター案は多様な文化的ニーズに応える施設と同時に良質な公共空間を実現することに力点が置かれています。さらに車の交通を地下に集約し、文化地区全体の地上階を歩行者専用の公共空間にしているのもマスタープラン構想の特徴のひとつです。それによって「M+」でも一階のロビーを全方向に開放することが可能になっています。

二〇一三年には「M+」の設計者を決める国際コンペが行われ、スイスのヘルツォーク&ド・ムーロン+TFPファレルズが指名されました。二〇二〇年末から二〇二一年初頭の開館が予定されている美術館は、延床面積が約六万五〇〇〇平方メートル。建物は水平に広がる低層部とタワー状の高層部を組み合わせた「T」字を反転したような形状になっています。

低層部は約一万七〇〇〇平方メートルの展示スペースを中心に、全方向からアクセスできるロビー、ラーニングセンター、映像作品上映スペースとメディアテーク、レクチャー用スペースなどに充てられ、タワー部はライブラリー、メンバーズラウンジ、「M+」のオフィス、レストランなどとなります。また主要展示室を二階に持ち上げて一階ロビーをパブリックスペースとして開放し、エントランスに近いエリアにワークショップやレクチャーのためのスペースを多く用意していることからもわかるように、「M+」ではそれらの教育的セクションの活動を通じて美術館の社会的な役割を拡張していくことが重視されています。また高層部のファサードにはLEDが埋め込まれ、デジタルアートが展示できる巨大な屋外メディアスクリーンになっています。

地下には「ファウンド・スペース」と命名された巨大な展示空間ができる予定です。建物の直下にはエアポートエクスプレスのトンネルが通っていますが、「ファウンド・スペース」は、この既存の地下トンネルの構造のアウトラインを活かしたオープンな地下スペースを、この場所固有の展示スペースとして提案するものです。

「M+」が目指す「トランスナショナルな美術館」

開館に向けての作品の収集は二〇一六年末で六〇〇〇点近くに達しています。コレクションはアート、建築、デザイン、写真、映像など多岐にわたります。美術と同様に建築（模型やドローイングなど）や写真、映像などをコレクションに加える方針はMoMAをはじめとする多くの近現代美術館のスタンダードです。アートに関しては世界最大の中国現代アートのコレクターとして知られるスイスのウリ・シグのコレクションから一四〇〇点以上の作品が寄贈されています。その結果「M+」は一九七〇年代以降の中国の現代アート作品を包括的に収蔵する美術館となっています。しかもコレクション全体の範囲は中国や香港に限定されず、世界五〇カ国以上に及んでいます。ここには「M＋」が目指す「トランスナショナルな美術館」という性格が現れています。日本の作家の作品も数多く収集していて、二〇一四年には倉俣史朗《くらまたしろう》がインテリアデザインを手がけた寿司店「きよ友」の内装を丸ごと購入し、話題となりました。「M＋」はこの寿司店を美術館内に再現して展示する予定です。この例だけでも、「M＋」がいかに巨大で挑戦的なプロジェクトであるかがわかると思います。

この「トランスナショナルな美術館」というコンセプトは香港の特殊性とも無関係ではないでしょう。中国の一部でありながらイギリスの植民地として発展した歴史を持つ香港は、それ自体がトランスナショナルな都市ともいえます。「M＋」という名称には、日本の東京国立近代美術館、シンガポール国立美術館、ソウルの国立現代美術館などとは異なり、「国立（National）」という単語が含まれていません。二〇一九年三月に来日したヴィジュアルアート部門のリードキュレーターのポーリン・J・ヤオ氏の説明によれば、運営面でも香港政府の直接の指示を受けないような体制がとられているそうです。

またアートから建築、デザイン、映像までを「視覚文化」という観点から包括的に扱う

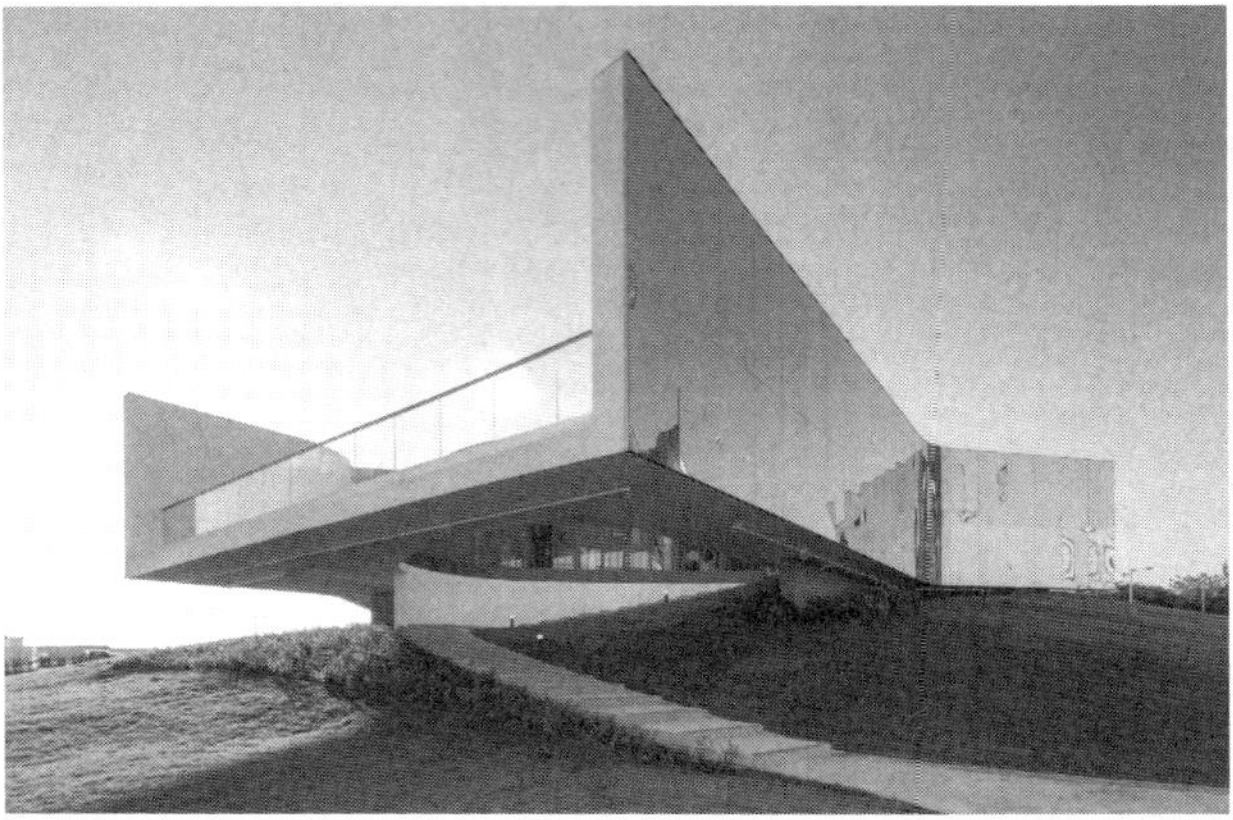

M+パビリオン

M+ Pavilion
Courtesy of West Kowloon Cultural District Authority

というコンセプトは、さまざまなジャンルの文化が混交する現代の社会にふさわしいものといえます。単に後発の近現代美術館として欧米の美術館を模倣するのではなく、香港の独自性を踏まえた観点で世界のアートにコミットしていく。つまり「M＋」はグローバルな文化的ネットワークの拠点のひとつとして構想されているわけです。

二〇一六年にはWKCDで最初の建築物として「M＋パビリオン」がオープンしています。これは「M＋」の仮設展示スペース的な役割の建物で、「M＋」の概要を市民に周知させる広報スペースと、「M＋」の開館までコレクションを中心とした展示を継続的に行う比較的小規模の展示室を有しています。前述したように「M+」は教育部門に力点を置いていて、「M+パビリオン」での教育普及プログラムガイドツアーのほか、「M+Rover」というトレーラーを改装した移動教室、中学生向けのサマーキャンプなど、多くの教育プログラムをすでに実施しています。

歴史的建造物への市民の関心

これまで経済活動を発展のエンジンとしてきた香港が文化面を重視していることは、WKCD以外の施設でも見ることができます。例えば二〇一八年五月にオープンした大館《タイクン》は、香港の中環にある旧中環警察署等の跡地を再開発した複合文化施設です。このハリウッドロードに面した警察署の歴史はイギリス統治時代の一九世紀半ばにまで遡ります。最初は治安判事裁判所と刑務所として建設され、その後に香港警察本部も置かれました。一九九五年には三つの主要施設（旧香港警察本部、中央裁判所、ヴィクトリア監獄）が歴史的建造物の認定を受けました。しかし建物の老朽化が進み、警察の規模が拡大したこともあり、移転が決定。二〇〇六年には最後まで残っていたヴィクトリア監獄が運用を終えました。

返還後の香港では経済発展に伴う再開発で古い建物や街並みが次々と失われていきました。しかし二〇〇〇年代に入ると、そうした状況に市民が危機意識を持ち、文化財としての歴史的建造物の保存への関心が高まります。特に大きな契機となったのが二〇〇六年の中環のスター・フェリーの埠頭《ふとう》、翌二〇〇七年の皇后埠頭（Queen's Pier）の取り壊しへの反対運動でした。スター・フェリーの埠頭は付属する時計台とともに長年市民に親しまれていましたし、皇后埠頭は一九二五年に建設され、植民地時代は英国政府の高官や英王室の専用埠頭という歴史を持つものです。再開発のためにこれらを取り壊すという決定に対して、反対する人々がデモや座り込みなどの抗議活動を行い、この問題はメディアでも大きく取りあげられました。ふたつの埠頭は取り壊されましたが、この運動をきっかけに古い建築物を「集体回憶」（共同体の記憶）として保存するという意識が香港市民のあいだに広く共有されるようになっていきます。二〇〇七年には香港政府も歴史的建造物の保存や活用を推進するという新方針を発表し、それまでの開発一辺倒から方向を転換しました。

こうした流れを踏まえて、香港政府は二〇〇八年に旧中環警察署跡地の利用計画を発表しました。再開発は香港政府と香港ジョッキークラブ（ＨＫＪＣ）の共同プロジェクトで行われることになりました。競馬や宝くじなどを運営するＨＫＪＣは、収益の社会還元として公共性の高い事業への寄付を行うなど、香港最大の慈善団体としても知られています。

アートや建築への関心と市民意識の成熟

大館は新旧合わせて一六棟の建物群で構成されています。用途としては監獄などの古い建築物を歴史遺産として公開する部門、新築の美術館とパフォーミングアートのためのホール、そして古い建物の内部を用途転用したレストランなどの商業施設の三種類に大別されます。設計を担当したのは、「Ｍ＋」と同じヘルツォーク＆ド・ムーロンです。ヘルツォーク＆ド・ムーロンは古い火力発電所を美術館に転用したテート・モダンで高い評価を得ています。大館プロジェクトでの起用はそうした過去の実績を踏まえたものといえます。

大館内に新築された「ＪＣコンテンポラリー」はその名前が示すように現代美術専門のアートセンターで、ここでは通常、複数の企画展を開催しています。また大館の敷地内にも内外の現代美術作家の作品がパブリックアートとして展示されています。

また市民が広場として利用できるスペースが多いのも大館の特色のひとつです。例えば

大館　©west/a.collectionRF/amanaimages

「JCキューブ」というオーディトリアムの入ったもうひとつの新築棟の下はかつての洗濯場で、現在は「洗衣場石階」という階段状の半屋外スペースとして整備されています。ここでは無料のコンサートが定期的に開かれ、多くの人で賑わいます。なお大館は商業施設以外のほとんどの施設を無料で利用できます。オープンから約四カ月で来場者は一〇〇万人を超え、『タイム』誌の「二〇一八年世界でもっとも行くべき場所一〇〇選」に選ばれるなど、国際的な認知も確立しました。このように大館は香港における歴史的建造物の再活用のモデルケースとして位置づけられています。

香港の行政長官である林鄭月娥（キャリー・

ラム）は、二〇一六年にWKCDの目的として、アートとクリエイティヴ産業の振興促進、市民の文化ニーズへの対応、才能豊かな芸術家の誘致・育成、そして国際的な文化都市としての香港の地位向上を挙げました。確かに現代アートの分野に限っても、過去一〇年ほどのあいだに香港の文化的環境は劇的に変化しました。毎年三月に開催される国際的な現代アート・フェアの「アートバーゼル香港」は大盛況ですし、香港島の中環周辺にはガゴーシアンやハウザー＆ワースといった欧米の有名ギャラリーが続々とスペースをオープンさせています。しかしそうしたグローバルなレベルでのアートと経済の連動だけがすべてではありません。アートや建築への関心が自らの歴史や文化を見直す契機となり、それが「香港人とは何か」というアイデンティティの問いへとつながります。そしてこの意識の変化は現在の香港社会を動かす底流の一部にもなっています。「M＋」や大館が市民や地域のためのプログラムを重視しているのもその現れです。文化が都市に暮らす人々にとって不可欠なものであること。その認識が広く共有された現在の香港は、都市としての成熟を示しているのです。

第五章　民間と公共の連携で現代アートを都市に取り込む

――岡山・瀬戸内

明確なヴィジョンを持つ企業人を輩出してきた岡山

現在、現代アートを地方都市や地域の活性化に結びつける試みは日本各地で盛んに行われています。しかし内容を見ると玉石混淆《ぎょくせきこんこう》の感は否めません。そこでここでは総合的なヴィジョンやコンセプトの面で注目すべきものとして、まず岡山市を取りあげてみたいと思います。

岡山市は人口約七二万人、岡山県の南東部に位置する政令指定都市です。ここでは二〇一六年に「岡山芸術交流２０１６」という国際現代美術展が開催されました。アーティス

岡山芸術交流2016
ライアン・ガンダー
『編集は高くつくので』

Ryan Gander, Because Editorial is Costly, 2016
Courtesy of the artist and TARO NASU, Tokyo
© Okayama Art Summit 2016
Photo: Yasushi Ichikawa

ティックディレクターには現代美術作家のリアム・ギリックを起用。イギリス出身の彼は、社会と美術の関係を考察するコンセプチュアルな作風で知られています。彼が掲げた「開発／Development」というテーマのもとにローレンス・ウィナー、ジョーン・ジョナス、ペーター・フィッシュリ&ダヴィッド・ヴァイス、ピエール・ユイグ、島袋道浩など三一組の作家が国内外から参加しました。単に国際的に評価の高い作家というだけではなく、六〇年代以降のコンセプチュアルアートの流れを汲《く》む作家たちに力点が置かれていることが特徴です。コンセプチュアルアートは彫刻や絵画といった枠組みを超え、さまざまな手法を用いながら、芸術という概念そのものや私たちを取り巻く世界のあり方を問い直していくような傾向のアートです。当初はテキストやオブジェなどで構成された作品を読み解くといった鑑賞スタイルが中心でしたが、九〇年代以降は見る者が参加することで作品が成立するという、新しいタイプのコンセプチュアルアートが増えています。鑑賞者は作品を身体的に体験し、それを通じて何かを感じ、事物への認識や理解を新たにします。このように展示作品の多くが明確な傾向を帯びている理由のひとつは、この芸術祭の成り立ちにあります。

文化事業としての岡山芸術交流では岡山市や岡山県と並んで民間の石川文化振興財団が大きな役割を担っています。この財団の理事長は岡山芸術交流の総合プロデューサーを務める石川康晴[*6]さんです。岡山出身の石川さんは総合アパレル企業「ストライプインターナショナル」の創業者で、コンセプチュアルアートを中心とした現代アートのコレクターでもあります。その「石川コレクション」は、東京オペラシティアートギャラリーやフランス南部モンペリエのMO. CO. HÔTEL DES COLLECTIONSで展覧会を行うなど、質

Imagineering
OKAYAMA ART PROJECT
リクリット・ティラヴァーニャ
『無題2012（そうする人が誰もいなかったとしても少なくとも僕らは、もう一度未来について想像しようとするべきだ）（ジュリウス・ケラーを忘れるな）』

©Rirkrit Tiravanija, 2012
Courtesy of the artist, Imagineering製作委員会, Gavin Brown's enterprise
Photo: Hiroyasu Matsuo

の高い現代アートのコレクションとして知られています。現代アートへの造詣が深く、地域社会の未来についての明確なヴィジョンを持つ企業人が関わっている点が、岡山芸術交流の大きな特徴なのです。

岡山市は二〇一六年の岡山芸術交流に先立って、二〇一四年に「Imagineering OKAYAMA ART PROJECT」（以下Imagineering）という現代アートのイベントを市内で開催しています。これは岡山城と旧後楽館天神校舎跡地を中心とした市内各所で現代アート作品を展示する試みで、出品作はすべて「石川コレクション」のものでした。「Imagineering」はImagination（想像力）と

岡山芸術交流2019の
アーティスティックディレクターの
ピエール・ユイグ
Photo credit: Ola Rindal

Engineering（工学）を組み合わせた造語で、想像力を駆使してよりよい未来を具現化するというメッセージが込められています。古くからある街並みなどの要素に現代アートという新しいものを重ね合わせることで、都市の価値を読み直していく。これがこの展覧会の基本的な考え方でした。

同時にこのプロジェクトは市内での人々の回遊性に関する社会実験にもなっていました。近年の岡山市は、ほかの多くの日本の都市でもそうであるように駅前のエリアに人が集中するようになり、古くからの繁華街であった岡山城周辺エリアの集客力が低下してきています。そこで岡山市は人を駅前から岡山城周辺に回遊させるための「岡山未来づくりプロジェクト」を立ち上げ、「Imagineering」はその一環として実施されました。

「Imagineering」は岡山芸術交流のプロトタイプといえるものですが、そこではすでに都市の活性化という視点が意識されていたわけです。ちなみに岡山芸術交流でも、第一回、第二回とも開催エリアはほぼ同じ、岡山城周辺となっています。

二回目の岡山芸術交流は、二〇一九年の秋に開催されます。アーティスティックディレクターは前回のリアム・ギリックと同様にアーティストのピエール・ユイグが起用されました。ユイグは先鋭的な作風で知られるフランス出身の作家です。展覧会のタイトルとして彼が掲げたのは「IF THE SNAKE もし蛇が」という謎めいた一文です。この本の執筆時は彼がディレクションする芸術祭の全体像はまだ明らかにされていませんが、一般的なビエンナーレやトリエンナーレの固定概念を揺さぶるような内容になることは間違いないでしょう。

芸術祭の質的な評価を確立する

コンセプチュアルアートという、どちらかといえば「難解」と見なされがちな現代アートの分野に力点を置き、展覧会の企画を専門とするキュレーターではないアーティストをアーティスティックディレクターに起用し、斬新な展示スタイルを追求する。こうした方向性からも明らかなように、岡山芸術交流は必ずしも芸術祭としてのわかりやすさや親しみやすさに力点を置いていません。むしろ重視されているのは国際展としての質です。現代アートの世界には、俗に「アート・ピープル」と呼ばれる人々が存在します。これは、アーティストやキュレーター、批評家、ギャラリスト、ジャーナリスト、コレクターなどで構成される緩やかなコミュニティで、彼らは世界各地で開催されるさまざまなアートイベントに参加し、情報交換を行います。グローバルなネットワークのなかでの論争や合意を通じて、芸術作品への評価が形づくられていくわけです。岡山芸術交流はこうした「目利き」の人々の関心を引きつける水準の展示を行うことで、芸術祭そのものの質的な評価を確立することを目指しているのです。

現在日本ではビエンナーレやトリエンナーレといった現代アートのイベントを通じて地域振興をはかる試みが広く行われています。しかし多くの場合、文化都市を標榜《ひょうぼう》するための道具に使われるだけであったり、そうでなくても現代アートで用いられる参加の手法が安易に解釈され、住民を含めた参加者の楽しさや満足感に重点が置かれてしまいます。

日本ではその種の参加型アートはしばしば「地域アート」と呼ばれますが、そこでの問題は現代アートとしての質をいかに保つかという点でしょう。そもそも作者以外の人が参加することで成立するアート作品はコミュニケーションや共同体についての人々の認識を問うものです。単に作家と参加者が擬似的な共同体をつくって一時的に盛り上がるというだけでは質の高い作品とはなり得ません。しかしイベントの成功が来場者の数のみで判断されるようになると、「盛り上げ」そのものがアートイベントの目的になるという短絡的な状況を生みがちなのも事実です。

いうまでもありませんが、ビエンナーレやトリエンナーレの本質は美術展であって、単なる町おこしのイベントではありません。質の高い展覧会を行うことで一定の評価を得て、それを来場者の数や地域の振興につなげていくのが本来の道筋なのです。質の高い展示を行えば、展示作品のいくつかは恒久展示となり、その町の財産となります。

例えばドイツのミュンスターという地方都市では一〇年に一度、ミュンスター彫刻プロジェクトが開催されます。これは公共空間とアートの関係がテーマの芸術祭で、毎回世界各国から招かれたアーティストがミュンスターに滞在し、リサーチを重ねたうえで作品を

ミュンスター彫刻プロジェクト　EPA＝時事

制作、設置します。一九七七年に始まり、二〇一七年まで五回開催された結果、市内には数多くの優れた現代アート作品が残されています。またミュンスター彫刻プロジェクト自体も、イタリアのヴェネチア・ビエンナーレやドイツのカッセルで開かれるドクメンタと並ぶ、現代アートの重要イベントと評価されています。岡山芸術交流はこうした海外の先例と日本における芸術祭の問題点を検討したうえで、自らのあるべき姿をイメージしているのです。

岡山芸術交流は三年に一度のトリエンナーレ形式のアートイベントです。しかし一時的なイベントの成功がそのまま地域の活性化に結びつくのかという疑問は常にあります。アートイベントを開催して外から人を呼ぶことも重要ですが、同時にツーリズム的な発想の限界も意識せざるを得ません。地方都市に暮らす人々にとって本当に重要なのは、街にアートが根づき、アートを享受できる環境が整うことです。その意味では芸術祭そのものよりも芸術祭を開催していない期間のほうがはるかに重要です。大切なのは、普段の生活のなかでどれだけアートを身近に感じることができるかという視点でしょう。アートを通じての地域振興を本気で考えるなら、長期的かつ包括的なヴィジョンがどうしても必要なのです。

都市の文化的なインフラとしてのアート

こうした問題意識を踏まえて、石川文化振興財団は岡山芸術交流以外にもさまざまな活動を行っています。その戦略の核となっているのは、都市のなかに文化的なインフラとしてのアートやアートに関連した施設を点在させることで、都市としての魅力を高めていくというコンセプトです。岡山で暮らす人々の多くにとって現代アートは馴染《なじ》みの薄い文化です。それを定着させるには岡山芸術交流だけでは難しいと思います。また美術館に行くには、ある展示を見るという明確な目的意識が必要ですし、時間や入場料もかかります。

リアム・ギリック『多面体的開発』

Liam Gillick
Faceted Development
2016
Paint
Supported by Ishikawa foundation
©Okayama Art Summit 2016, Courtesy of the artist and TARO NASU, Photo: Yasushi Ichikawa

必要なのは、より日常的に現代アートと接することのできる環境でしょう。そのための一歩として石川文化振興財団は二〇一八年の一一月から、翌年の岡山芸術交流のプレイベントとして「A&C」というプロジェクトを実施しました。「A&C」は「Art & City」の略で、市内に無料で鑑賞できる現代アート作品を長期間展示する試みです。上の写真のリアム・ギリックの作品のように、二〇一六年の岡山芸術交流から継続展示になっている二作品に四作品を加えた六作品を市内のパブリックな場所で展示しています。このプロジェクトは今後も作家や作品を変えつつ、継続していく予定になっています。

また建築とアートを結びつけることで市内に魅力的な宿泊施設をつくるという挑戦も始まっています。Artist と Architect の頭文字をとって「A&A」と命名されたこのプロジェクトでは、現代アートの作家と日本人建築家がチームを組み、市内各地に比較的小規模の建物をいくつもつくり、それらを宿泊施設として活用します。宿泊可能なアート作品ともいえるもので、利用者は泊まることを通じてアートを楽しむことができます。正直にいって現在の岡山には魅力的な宿泊施設がまだ乏しいのですが、このプロジェクトはその状況に一石を投じ、滞在型の文化エリアとしての価値を高めることを目指しています。最終的には二〇施設の建設が予定されていますが、二〇一九年秋には最初のふたつ、リアム・ギリックと MOUNT FUJI ARCHITECTS STUDIO による『A&A リアムフジ』、ジョナサン・モンクと長谷川豪による『A&A ジョナサンハセガワ』が完成し、営業を開始する予定です。今後は、フィリップ・パレーノと藤本壮介、ライアン・ガンダーと青木淳、リクリット・ティラヴァーニャとアトリエ・ワンのコラボレーションが予定されています。

また「A&A」では作家性の強い建築家を起用することで、建物自体に建築や空間デザインとしての魅力を持たせることも考慮されています。建築やアートに詳しい人にとって

『A&A リアムフジ』 ©MOUNT FUJI ARCHITECTS STUDIO

『A&A ジョナサンハセガワ』 © Go Hasegawa & Associates

は、建築家とアーティストというふたつの異なる個性がひとつの建物をつくるというプロセスのなかで、どのようにぶつかり、協調し、具体的な空間をつくっていったかという経緯を見る面白さもあります。岡山には前川國男《くにお》の設計による岡山県庁舎、岡山県天神山文化プラザ（旧・岡山県総合文化センター）、林原美術館、岡田新一設計の岡山市立オリエント美術館など、日本の近代・現代建築の名作があり、岡山県庁舎は二〇一六年に「DOCOMOMO Japan」が選定する日本の優れた近代建築に選ばれています。同年の岡山芸術交流では三つの前川建築のうち、岡山県天神山文化プラザと林原美術館を会場として使用し、それまで市民の関心が低かった前川建築の価値を再認識する機会にもなりました。建築とアートが融合した「A&A」の試みは、建築の文化的価値を再認識することを通じて、優れた建築物が都市にとっての財産であることを市民的なコンセンサスとすることを目指しているのです。

「A&A」は一種の小型ミュージアムといえますが、石川文化振興財団はこのほかにも岡山市内に小さな展示スペースを開設するという分散型ミュージアムの計画を持っています。「A&C」に代表されるパブリックアート的な展示に加え、「A&A」の施設や小規模な展示スペースが市内に点在することで、人々がそれらを見るために移動する回遊性が生まれます。岡山市は都市の規模がさほど大きくないので徒歩でも移動ができますし、レンタサイクルもあります。さらに移動のあいだの楽しみとして、カフェなどの飲食店やデザイン系のショップなどができてくることが期待されています。

このように岡山では民間と公共がうまく連携して、現代アートを文化事業のなかに組込んでいます。新しく始める文化事業では、公共の予算だけに頼ると事業の永続性が非常に疑わしくなるのが現実です。そこで文化庁は民間と公共がどのようにチームを組むことができるかを考え、そのスキームを推進しています。岡山の事例はその典型といえるものです。

石川さんや石川文化振興財団が思い描く岡山の未来像は、文化的な創造性に富んだ都市を実現することです。つまり市民レベルで現代アートへのリテラシーを高めることが、都市の創造性を高めることにつながると考えているわけです。将来的にはクリエイティヴな人材が育ち、岡山で活動する環境が生まれる。そのためには教育の充実も不可欠です。石川文化振興財団では、グローバル人材を育成することを目的とした教育事業も行っています。

地方都市が秘めているポテンシャル

実は岡山には起業家が芸術文化の庇護者《ひごしや》になるという伝統があります。倉敷の大原美術館は日本で最初に西洋美術や近代美術を展示した歴史のある美術館です。その出発点は倉敷紡績（クラボウ）や倉敷絹織《けんしよく》（現在のクラレ）の社長、中国銀行の頭取などを務めた大原孫三郎が洋画家の児島虎次郎《とらじろう》に依頼して収集した西洋美術や中近東美術、中国美術のコレクションです。クリスチャンでもあった大原孫三郎は事業利益の社会還元の重要性を強く認識していて、日本でもっとも古い社会科学関連の研究機関である大原社会問題研究所や倉紡中央病院（現在の倉敷中央病院）などを設立しました。そのほかに会社の利益のほとんどを日露戦争などで増えた孤児の救済に充てたというエピソードも残されています。そのため彼は大原美術館の設立も社会貢献のひとつという認識を持っていました。

また瀬戸内海の直島を中心に豊島《てしま》、犬島でベネッセアートサイト直島を展開するベネッセホールディングスも岡山が創業の地で、今も岡山に本社があります。つまり岡山には事業の成功者が単に美術品を収集するだけではなく、それを通じて地元や地域の役に立つ活動を行うという伝統が脈々と受け継がれているわけです。

石川文化振興財団の石川さんはベネッセアートサイト直島の活動から強い刺激を受けたそうです。現代アートには見る人に考えることを求める傾向が強くあります。石川さんは幾度も直島に足を運び、アートを通じて人々の意識が変わっていくことの実例に触れたわけです。そこで得たリアルな手応えが、岡山でのさまざまな取り組みの土台になっているのは確かでしょう。

岡山の事例を見て私が感じるのは、地方都市が秘めているポテンシャルを見出すには、内側からの目が決定的に重要だという点です。ポテンシャルにはいろいろな種類があり、外からはなかなか見えません。やはり中の人がそのポテンシャルに気づいて、伸ばしていくしかないと思います。その点では石川さんが岡山で考えるアートを中心とした街づくりには必然性があると思います。それは歴史的なものに裏付けられているわけで、大原孫三郎やベネッセホールディングス名誉顧問の福武總一郎《そういちろう》さんといった人たちが同じ岡山という場所から出てきている。それを踏まえたうえでアートを中心とした街づくりを行うというのは、ほかの都市とは異なる強みになり得ると思います。

もちろん岡山が持っているポテンシャルはアートだけではありません。魅力的な食品や食材の開発も大きな力になると思います。例えば岡山は古くから白桃やマスカットなどの果物栽培で有名ですが、最近では皮まで食べられる「もんげーバナナ」が話題になっています。もともと熱帯地方の栽培植物であるバナナを温帯で栽培するために「凍結解凍覚醒法」という特殊な方法を採用。これは種子の段階で氷河期の気候環境を一時的に体験させることで植物の生長力を高めるという栽培方法です。また無農薬で化学肥料を使わず、収穫後も防カビ剤などを使用しないため、皮まで食べられる甘いバナナの生産が可能になっています。

またワインではdomaine tettaをはじめとする比較的小規模の生産者が質の高いワインをつくっています。最近では自然派ワインの醸造家として有名な大岡弘武さんが岡山空港に近い岡山市の富吉に醸造所をつくり、ワインの生産を始めています。大岡さんはフランス・ローヌ地方のコルナスで長年にわたってワイン醸造に従事し、大手メーカーの栽培責任者を務めた経験もあります。日本でワイナリーを始めるにあたってはコルナスに近い気候や土壌の場所を探し、晴天が多く、花崗岩質《かこうがん》の土壌で、ぶどう栽培の歴史もある岡山を選んだそうです。乳製品では蒜山《ひるぜん》高原の牛乳、吉田牧場のチーズも有名ですし、岡山市に隣接する瀬戸内市の牛窓《うしまど》はオリーブの産地です。瀬戸内海の魚介類を含めた食材の豊かさは、県外の人にも広く知られるようになってきています。二〇一四年には、前年に東京・広尾の店を閉めた人気イタリアン「acca」が牛窓で再オープンし、話題となりました。

瀬戸内という広域エリアでの活性化

岡山がこれからさらに発展していくには、瀬戸内海エリアとの連携が重要だと思います。私は岡山から船で瀬戸内海の直島、犬島、豊島などに行くことがありますが、瀬戸内海の景観の美しさは世界のどこにも負けないと思います。アートに関していえば、瀬戸内海エリアに点在するさまざまなアート施設をめぐるうえでのハブ都市としての機能が期待されます。これまで岡山から直島をはじめとする瀬戸内海の島々のアートサイトへのアクセスは、宇野港と直島を結ぶ定期航路が一般的でした。それに加えて二〇一九年の春からは、瀬戸内国際芸術祭の期間中、岡山市内の京橋を起点に犬島を経由して牛窓に至る航路が新たに運行を始めました。関東や関西からは、直島に行くにも倉敷に行くにも、岡山を経由するのが便利です。つまり美術に関心を持つ人の多くが岡山を経由して、瀬戸内エリアのさまざまなアートサイトに向かうという人の流れがあるわけです。そのことも岡山が持つポテンシャルのひとつといえるでしょう。

すでに述べたように倉敷には大原美術館があります。エル・グレコの『受胎告知』やクロード・モネの『睡蓮《すいれん》』が有名ですが、ジャクソン・ポロック、ジャスパー・ジョーンズなど戦後アメリカ美術の名品もあります。美術館の向かいにある大原家別邸の有隣荘では毎年春と秋の特別公開時に現代アートまでも含めた意欲的な特別展を開催しています。そのほかにも児島虎次郎の旧アトリエの無為村荘《むいそんそう》を活用した若手作家のアーティスト・イン・レジデンスのプログラムを継続的に実施するなど、長い歴史を誇る美術館でありながら同時代のアーティストの育成にも積極的に取り組んでいます。

さらに岡山県外の広い範囲に目を向ければ、訪れるべきサイトはいっそう増えます。もっとも有名なのは、すでに触れた香川県の直島のベネッセアートサイト直島でしょう。ベネッセアートサイト直島の歴史は一九八〇年代末にまで遡ります。福武總一郎さんが、八六年に亡くなった父親で創業者の哲彦さんの遺志を継いで、直島に子供のための国際キャンプ場をつくることからスタートしました。やがて活動の中心はアートを核とした文化事業に移行していきます。安藤忠雄さんの設計によるミュージアムや宿泊施設を充実させるいっぽうで、島内の古民家をアーティストが改装して作品化するという「家プロジェクト」など地域社会を巻き込んだアート活動を積極的に展開してきました。アート作品に関していえば、クロード・モネ、ジェームズ・タレル、ウォルター・デ・マリアの作品が安藤さん設計の空間に恒久展示されている「地中美術館」が典型的に示すように、その場所や建築と密接に結びついたサイトスペシフィック型の作品が多数を占めています。瀬戸内海の景観と安藤さんの建築の力強さ、そしてそれらに負けないだけの力を持つアート作品が共存することで、ここでしか味わえないアート鑑賞の経験をつくり出しています。

二〇〇八年以降は活動のエリアが直島以外の犬島や豊島にも拡大しました。犬島には二〇世紀の初め頃に銅の精錬を行っていた犬島精錬所の遺構があり、近代化産業遺産にも認定されています。犬島アートプロジェクトはそれを保存し、美術館（犬島精錬所美術館）として再生するというものです。建築家の三分一《さんぶいち》博志による建物は自然のエネルギーを極力利用し、環境に負荷をかけない設計で、内部には三島由紀夫をテーマにした柳幸典《やなぎゆきのり》の作品が展示されています。さらに二〇一〇年からは犬島でも直島と同様の「家プロジェクト」が始動しました。また同年には豊島に現代美術作家の内藤礼と建築家の西沢立衛による豊島美術館がオープンしました。

このようにベネッセアートサイト直島の活動は、アーティストや建築家を指名し、リサーチや制作に長い時間をかけ、サイトスペシフィックな作品を完成させたうえで、それを地域のなかで活かしていく、という息の長いスパンを特徴としています。それに対して、短期的なアートイベントでより広域なエリアの活性化を目指しているのが、二〇一〇年に始まった瀬戸内国際芸術祭です。これは備讃瀬戸《びさんせと》、つまり瀬戸内海のなかで備前（岡山県）と讃岐《さぬき》（香川県）のあいだに広がる海域を舞台とした現代アートの国際展で、二〇一〇年の後は、二〇一三年、二〇一六年、そして二〇一九年と回を重ねています。その度に規模やエリアは拡大しており、二〇一九年の会場は瀬戸内の一二の島とその周辺（高松港と宇野港）に広がっています。初回は夏から秋にかけての開催でしたが、二回目以降は春、夏、秋の三会期制を採用。二〇一六年の第三回では延べ一〇七万人の来場者を記録し、海外からの来場者も急増しました。また「食」に着目し、食をテーマにした作品展示、瀬戸内の食材を使ったメニューの提供など、狭い意味でのアートにとらわれない活動の広がりを見せています。

民間のリーダーが枠組みを構築する

直島でのベネッセアートサイト直島と瀬戸内国際芸術祭。岡山での石川文化振興財団と岡山芸術交流。このふたつは一見するとよく似ていますが、目指すところはかなり異なっています。端的にいえば、直島が目指しているのはアートを媒介とした村落共同体的な世界の再生です。そこでは比較的濃密なコミュニケーションを通じて、アーティスト、住民、ボランティアなどの協力者が協働することで、アートという価値観を共有していきます。それはある意味、都市的、消費的、個人主義的な社会へのアンチテーゼであり、それゆえに都市から来た人を強く引きつける魅力を持っています。いっぽう岡山の活動は自らのアイデンティティを都市に置いています。現代アートは本質的には都市の文化であり、都市における文化の多様性、物事に対する多面的な見方といったものと分かち難く結びついています。岡山の活動は現代アートを通じて、都市の持つ肯定的な可能性を拡大するものといえるでしょう。

いずれにせよベネッセアートサイト直島と瀬戸内国際芸術祭の成功がこのエリア全体への人々の関心を高めていることは間違いありません。さらに範囲を広げれば、香川県の丸亀市には丸亀市猪熊《いのくま》弦一郎現代美術館があり、高松市牟礼町《むれちょう》にはイサム・ノグチ庭園美術館があります。比較的最近の動きとしては、広島県の尾道周辺が挙げられます。尾道市の百島《ももしま》にある「アートベース百島」は廃校になった中学校校舎を再活用し、柳幸典を中心としたアーティストの活動の場とする試みで、多くの展覧会の実績があります。二〇一七年秋には「尾道芸術祭　十字路」というアートイベントも尾道で開催されています。これは「アートベース百島」と、尾道でアーティスト・イン・レジデンスの活動を行っている「AIR Onomichi」「尾道空き家再生プロジェクト」の三団体の企画によるものでした。尾道では自転車ごと宿泊可能なホテル ONOMICHI U2 やスタジオ・ムンバイが設計を担当したＬＯＧなど、現代的な感覚を取り入れた新しい宿泊施設がオープンし、アトリエ・ワンがデザイン監修を担当したＪＲ尾道駅の新駅舎も完成しました。ちなみにこの駅舎の建て替えは、瀬戸内を「繰り返し訪れたくなる一大周遊エリアにする」というJR西日本の目標に沿って行われたものです。また尾道の東に位置する福山の神勝寺・禅と庭のミュージアムにはアーティストの名和晃平《こうへい》と彼のスタジオであるSANDWICHによるアートパビリオン「洸庭《こうてい》」があり、高床の舟形の建物内で名和の作品を体験するというユニークな施設となっています。

そのほかに愛媛県の豊島《とよしま》ではNPO法人の瀬戸内アートプラットフォーム（SAPF）が運営する施設でゲルハルト・リヒターのガラス立体作品を見ることができます。SAPFは今後、島内にアジアを中心とした国内外のアーティストのための滞在型アトリエを建設する計画も持っています。さらに神戸では二〇一五年に終了した「神戸ビエンナーレ」に替わる新しいイベントとして「アート・プロジェクトKOBE2019：TRANS-」が二〇一九年の秋に開催されます。招聘作家は国内一名、海外一名の二名のみで、総花的な芸術祭とは一線を画した密度の濃い内容が特徴です。第一回では、国内作家はやなぎみわ、海外作家はドイツ出身のグレゴール・シュナイダーに決定しています。

このように瀬戸内という広いエリアには、数多くのアート関連施設や団体があり、地元に根づいた活動を行っています。今後必要になってくるのはこれらの相互の連携だと思います。観光資源としての瀬戸内海の景観と文化事業を組み合わせ、地域全体でそれらを積極的に活用する枠組みをつくっていくことが重要となります。その場合、行政レベルでは県単位を超えた連携はなかなかうまく機能しません。それが可能なのは、フットワークが軽く、柔軟に対応できる民間の組織なのです。福武さんや石川さんといった民間のリーダーたちがネットワークをつくり、エリア全体の発展のための枠組みを構築する。今後はそうした取り組みがいっそう求められると思います。

第六章　都市も「なるがままに任せよ」

——会田誠×大林剛郎　対談

アーティストが考える都市

二〇一八年二月一〇日から二四日まで、「GROUND NO PLAN」と題した会田誠さんの個展が東京・青山で開催されました。この展覧会は大林財団による新しい助成プログラム「都市のヴィジョン—Obayashi Foundation Research Program」によるもので、このプログラムは都市に関心を持つ現代アーティストに従来の都市計画とは異なる視点で都市を考察し、新しい発想を提示してもらうことを趣旨として二年に一度実施しています。

今日、都市をめぐる問題は多岐にわたっています。貧困に喘《あえ》ぐ人々の暮らし、産業構造の変化による既存の都市の衰退、大都市への過剰な人口集中、大気汚染や地球温暖化、さらに近年の日本では少子高齢化による空き家の増加や孤独死といった問題も深刻です。こうした問題を踏まえて、人々の心に豊かさをもたらすような都市のあり方を考えるうえでは、必ずしも都市の専門家ではない人の自由な発想も重要になるのではないでしょうか。展覧会という形式を用いてアーティストに都市について考察してもらう狙いは、まさにそこにあります。

作家の選考はアーツ前橋館長の住友文彦さんをはじめとする五人のキュレーターの皆さんによって行われ、会田誠さんが第一回のアーティストに選ばれました。会田さんは日本の現代アートを代表する作家のひとりであり、現代社会や歴史を独自の視点から咀嚼し、痛烈な批評性を持った作品の数々で知られています。

会田さんとの対談は展覧会終了後に行われました。「GROUND NO PLAN」展の内容を踏まえつつ、アートと都市の関係から文化による地方の再生まで、対話のテーマは多岐にわたっています。

撮影：フルフォード海

Profile

会田 誠

1965年新潟県生まれ。1991年東京藝術大学大学院美術研究科修了。美少女、戦争画、サラリーマンなど、社会や歴史、現代と近代以前、西洋と東洋の境界を自由に往来し、奇想天外な対比や痛烈な批評性を提示する作風で、幅広い世代から圧倒的な支持を得ている。絵画、写真、映像、立体、小説など多岐にわたり、国内外で活動。主な展覧会に「アートで候 会田誠・山口晃展」(上野の森美術館、東京、2007年)、「バイバイキティ!!! 天国と地獄の狭間で—日本現代アートの今—」(Japan Society、ニューヨーク、2011年)、「天才でごめんなさい」(森美術館、東京、2012-2013年)、「ま、Still Aliveってこーゆーこと」(新潟県立近代美術館、2015年)など。大林財団の助成プログラム「都市のヴィジョン—Obayashi Foundation Research Program」の第1回アーティストに選ばれ、「GROUND NO PLAN」(2018年)が開催された。

うまく結論を導き出せない状態を展覧会として見せる

大林　最初に、なぜ大林財団が会田さんの展覧会を開くに至ったかを簡単にお話ししておきましょう。大林財団はこれまでも都市をテーマとした研究や実践的活動をサポートしてきました。日本で都市計画というと、どうしても災害に強いインフラの整備や再開発といったスケールの話になりがちですが、大林財団はあえて個人に焦点を当て、さまざまな研究者や建築家、都市計画家などを顕彰し、支援してきました。今回の新しい助成プログラムも、個人の視点から都市について考えるという点で従来の活動との継続性があります。

しかしその一方で、これまでの切り口とは異なる、より自由なアプローチで都市の問題を炙《あぶ》りだすことがこのプログラムの主眼です。そこで考えたのは、現代アートの領域で活動するアーティストの方に都市をテーマに考察していただき、その成果を展覧会などの形式で発表してもらうという企画です。

作家を選定する委員の方々から「会田誠さんで」という提案が出てきたとき、私が最初に思ったのは、会田さんなら本気でやってくれるだろうという確信めいたものでした。会田さんとしては、作品を通じてアーティストに都市を語らせるというこのプロジェクトのコンセプトについて、どのように感じましたか。

会田　まあ大林さんなら鶴の一声で「会田誠はダメ」という権利はあったと思います（笑）。

これは僕の持論なのですが、アーティストというのはデザイナーや建築家よりも、人間の幅がもう少し広くあるべきだと思っています。例えばデザイナーなら、美的センスの悪いデザイナーという存在は基本的にあり得ません。しかし美的センスが悪いアーティストならいても構いません。僕自身もどちらかといえばそうしたタイプで、むしろ一般人よりもセンスが悪いことを利用して活動しているわけです。あるいはホームレスのような人生観に限りなく近いアーティストもいます。もちろんアーティストにはすごくハイセンスな人もいるし、ゴージャスかつラグジュアリーといった感じの人もいます。

そうした意味でアーティストはとても幅が広いので、この大林財団のプロジェクトはとても面白いし、これからも継続して欲しいと思っています。アーティストと違って、建築家やデザイナーが都市を論じるとなると、どうしてもある種の枠に収まった感じがあって、その枠から出るのはなかなか難しいと思いますから。

大林　建築家には常に与えられた条件がありますからね。都市計画をつくるうえでもさまざまな条件があり、そのなかで自分の考えていることを実現しようとします。だから最初から相当に枠を固められているわけです。しかも現実の都市はさまざまな利害が錯綜《さくそう》する場ですから、真面目に取り組めば取り組むほど、身動きがとれなくなるという側面もあります。今回の展覧会のプロジェクトは、あえてその枠を外すところからスタートしています。

会田　確かに建築家は馬鹿では務まりませんからね。でもアーティストのなかには馬鹿もいるわけで（笑）。正直にいえば、アーティストは悩むことが仕事なのかと、今回の「GROUND NO PLAN」展の準備をしながら思いました。つまりあの展覧会では、自分の悩み多き状態をそのまま作品として展示しています。地方や都市といった問題について考えていくなかで、うまく結論を導き出せない状態をそのまま展覧会として見せているわけです。

大林　それを作品として成立させることができるのが、まさにアーティストの強みですね。

会田　建築や都市に関しては完全な素人であるアーティストが、それらにコミットする面白さと危険性については、できる限り自覚的でありたいと思いました。展示全体が一種の自問自答の部分を含んでいるのはそのためです。

大林　建築は常に与件への回答を求められますが、アート作品は問題の解決方法の提示ではありませんからね。社会的な問題に対する回答は作品を見る人それぞれが考えるわけで、どれだけ深いところまで考えさせることができるかが、作品としての魅力と直結していきます。こうした社会的な問題と強く結びついたアートのあり方というのは、ごく大雑把にいえば一九六〇年代以降の現代アートの文脈に沿ったものです。会田さんは「GROUND NO PLAN」展でその起点ともいえるヨゼフ・ボイスにも言及しています。ボイスのトレードマークはベストと帽子ですが、展覧会のオープニングと記者会見では会田さん自身がそのボイスのコスプレで登場してくれました。

会田　今回ボイスが出てきたのは、展覧会のテーマを頂いて、アーティストとはそもそも何者なのかと考えた結果です。ボイスというのは、今ならソーシャリー・エンゲイジド・アート[*7]と呼ばれる領域、つまりアーティストが社会問題に直接介入するような流れの最初期を代表する人です。僕もそうしたアートのスタイルを自分の作品に部分的に取り入れています。けれども同時に、アーティストが社会に対して発言する権利は果たして正当なものなのかという疑問もあるわけです。そこである意味でバランスをとるために、自分というかアーティストという存在そのものへのツッコミのような展示が欲しくなったわけです。

大林　それで『アーティスティック・ダンディ』というビデオ作品では会田さんがボイスの格好をして、カラオケで「あんたの時代はよかった　アーチストがピカピカのサギでいられた」と沢田研二の替え歌を歌っているわけですね（笑）。まあいずれにせよ、都市と現代アートの関わりを語るうえでは、ボイスの存在は外せませんね。アーティストが現実の都市に介入するようになったのは、彼の世代以降ですから。では実際に都市計画や都市デザインの専門家とは異なる視点を求められたときに、アーティストである会田さんはどう答えを出すのか。私個人としては、そこにいちばん興味がありました。

会田　僕はこれまでにも、公共空間に対して「ほぼ実現不可能なプラン」あるいは「実現させてはいけないプラン」をあえて思考実験的に提出するという作品をいくつかつくったことがあります。今回の展覧会はそうしたタイプの仕事を、新しいアイディアも加えて集大成したといえます。

「都市計画家も建築家もアーチストも何もやるな　なるがままに任せよ」

大林　今回、会田さんはふたつのフロアを使ってかなりのボリュームの作品を展示しましたが、それらは大きくふたつのタイプに分かれると感じました。ひとつは空想的ともいえる都市計画のアイディアを作品化したもの。もうひとつは現実の都市、つまり具体的には東京ですが、それに対する批判を込めたマニフェスト的な作品です。

そのなかでもひときわ明快なメッセージが、会場に置かれた『都市計画家も建築家もアーチストも何もやるな　なるがままに任せよ』という立て看板だったと思います。何もしなかったら本当にいいのか、という話とは少し別に、現状はいろいろな意味でやりすぎている感じは確かにあると思います。あれこれ考えすぎて面白さを失っているというか、壁に突き当たっている感は否めません。再開発でも、どこかの既存のイメージをコピーして街をつくっている。会田さんのメッセージはその壁を突破することを期待する、ラディカルなアジテーションなのだと思いました。

都市計画家も
建築家も
アーチストも
何もやるな
なるがままに任せよ

立て看板『都市計画家も建築家もアーチストも何もやるな　なるがままに任せよ』
展示風景：会田誠展「GROUND NO PLAN」、会田誠展特設会場（青山クリスタルビル）、2018
撮影：宮島径
©AIDA Makoto
Courtesy Mizuma Art Gallery

会田　選考委員の方からは「会田さんを選んだのは、ラディカルさに期待したから」といった言葉を頂きました。僕に求められるラディカルさとは、結局のところアイロニーなんですよね。本当は好きなのに嫌いと言ったり、これは悪いとわかっていることをあえてやるのがアイロニーです。

もちろん展覧会のコンテンツとしてはそうした露悪的なこともやりますが、やはりそれだけではまずいと思いました。東京のこと、日本のこと、人類のことをもっと真面目に考え、なおかつ自分の心の奥底と対話して、本当は自分は何を望んでいるのかを考えていきました。つまり人が住むところとして、いちばん好きなのはどんな場所なのかを自問自答する。そうすると、何度考えても結局はいつも同じひとつのイメージにたどり着いてしまうわけです。

大林　具体的なプロジェクトの提案とマニフェストの二本立てというのは、ル・コルビュジエ以後の近代建築の王道的戦略ですから（笑）。展覧会全体として強く感じられるのは、この「なるがままに任せよ」という観点ですね。つまり都市において計画的につくられたものではなく、自然発生的に生まれてくるものへの愛着や信頼といったものです。

会田　僕が好きな場所について具体的に考えていくと、バラック・アンド・スラムというひとつのイメージにたどり着きました。スラムという言葉には、貧しい人たちが都市の劣悪な環境のなかで暮らしているというニュアンスがあります。地方から大都市に出てきたけれども、中心部に住めるような経済的成功はできなくて、やむをえず周辺部のひどい環境で暮らしているのがスラムです。いっぽうバラックという言葉はもともと軍隊用語で、兵士の駐屯用の宿舎のことです。日本では、敗戦後の焼け野原でそこら辺に残った木材で家を建てたのがバラックと呼ばれたわけです。

僕は一九六五年生まれで、新潟市の郊外で生まれ育ちました。育った家は、新興住宅地の平々凡々たる一軒家でした。でも思い起こしてみると、一部の地域にはかなり貧しい人たちが暮らしていた。そうした匂いをちょっとは嗅いだことがあるので、ネガティヴな面もわかります。でも正直にいえば、僕はスラム的なもの、バラック的なものが好きなんです。

大林　それはネガティヴであると同時に、逞《たくま》しい生命力のようなものの象徴ともいえますね。事実、日本の戦後の復興は焼け跡のバラックから始まったわけですから。その意味で興味深かったのは、今回の展覧会に出ていた『雑草栽培』というインスタレーション作品です。大きなテーブルの上に雑草を植えた小さなプランターがびっしり並んでいて、その周りを鉄道模型の電車がぐるぐる回っている。壁面には坂口安吾の「日本文化私観[*8]」の有名な一節、「京都の寺や奈良の仏像が全滅しても困らないが、電車が動かなくては困るのだ。我々に大切なのは『生活の必要』だけで、古代文化が全滅しても、生活は亡びず、生活自体が亡びない限り、我々の独自性は健康なのである」の英訳が掲げられていました。「日本文化私観」にはバラックへの言及も多いですし、会田さんの都市観とつながるものがあります。

自然発生的なものをわざとつくるという違和感

会田　僕は本物のバラックやスラムに住んだことはありませんが、過去にそれに近いものとして芸術公民館というプロジェクトをやったことがあります。芸術公民館は歌舞伎町にあったバーのようなスペースです。バーがあった雑居ビルはおそらく戦後の混乱期につくられた違法建築で、何しろ警察や消防の目が届きにくいエリアなのをいいことに勝手に増改築を繰り返しているような建物でした。その一室を二年間借りて飲み屋みたいなものをやっていました。結局、二年間しか維持できなかったのですが、今でも懐かしく思い出しますし、できれば一生やっていたいぐらい好きでしたね。

安吾の「日本文化私観」は若いころに読んで、特にあの一節には痺《しび》れました。たぶん僕のなかにもともとあった世界と響き合ったからだと思います。安吾が支持しているのは、勝手に生きている個人が集まって集団をつくっているといった感じの社会のあり方です。それと真逆なのが、都市計画的な社会で、ある大きな命令に従って動く世界です。自分の周りの近視眼的な欲望だけで発生してくるものにもそれなりのよさがあるし、上からの命令で合理的にやったほうがいいこともある。世の中にはこのふたつの方向性があるわけですが、僕自身は自分の身の回りからやっていくほうだと思っています。

大林　そのふたつをうまく取り込み、共存させるのはなかなか難しいですよね。

会田　東京のような都市でもある程度は共存していると思いますね。

大林　この問題がいちばん端的に出てしまうのが再開発です。今までまったく違う用途だった土地で大規模な再開発を行うと、その結果できた街はどこか息苦しい感じがします。本当に生活感のない、息抜きできるような場所のない街になっているからです。だから最近では新しいオフィスビルをつくるときには、横丁の飲み屋街みたいなものを模倣して地下につくったりもしていますが、なかなかうまく定着しません。

会田　設計や計画を行う側はそうした要素の必要性もよくわかっているのだと思います。実際に現場に行ってみると、計画した側の意図みたいなものは、とてもよくわかります。ただやはりどうしても、本来は自然発生的なものをわざわざ図面を引いてつくっているという不思議さ、奇妙な違和感はありますね。

『雑草栽培』
展示風景：会田誠展「GROUND NO PLAN」、会田誠展特設会場（青山クリスタルビル）、2018
撮影：宮島径
©AIDA Makoto
Courtesy Mizuma Art Gallery

大林　箱庭みたいなものをつくって雑草を栽培しても、本来の雑草的なものが持つ居心地のよさは生まれないわけですよね。やはりコンクリートの割れ目から勝手に生えてくる雑草をうまく取り込むような発想が必要なのかもしれません。これはこれからの都市開発を考えていくうえで、とても重要なテーマだと思います。

会田　雑草は、わざわざ名付けられなくても自然に生えてくるものです。僕にとって雑草は、都市のなかの自然であり、地方から出てきて都会で暮らす自分の自画像的なものでもあるわけです。

大林　そういえば、先ほど触れたマニフ

『セカンド・フロアリズム』
展示風景：会田誠展「GROUND NO PLAN」、会田誠展特設会場（青山クリスタルビル）、2018
撮影：宮島径
©AIDA Makoto
Courtesy Mizuma Art Gallery

エスト的な展示の核心は、スラム的なもの、バラック的なものへの愛に溢《あふ》れた『セカンド・フロアリズム』という作品ですね。このスラム的なものは、雑草ともつながっています。この『セカンド・フロアリズム』で面白いのは、都市の未来を語る宣言と、廃墟《はいきょ》のイメージとを結びつけている点です。東京の未来を考えるのに、廃墟からスタートするというのは、アーティストの想像力の特権だと思いました。事実東京は、関東大震災や太平洋戦争時の空襲など、何度も廃墟化を経験し、その度に刷新されてきた都市ですから。

会田　『セカンド・フロアリズム』には先人がいて、磯崎新さんや亡くなった黒川紀章《きしよう》さんが見たら、「ふーん、そんなものは俺たちとっくにやっているぜ」と言うと思います。戦後の焼け野原の東京を見た建築家たちがいて、『AKIRA』で廃墟としての東京を描いた大友克洋《かつひろ》さんのような僕よりも少し上の世代の人がいて、そうした人たちから綿々と続くイメージのバトンリレーがあって、その先に現在の僕もいるのだと思います。

大林　『セカンド・フロアリズム』のアイディアはどのようにして生まれたのですか?

会田　この前フランスに行ったとき、たまたまドバイ経由の飛行機だったんです。ドバイでの乗り継ぎに少し時間の余裕があったので、街に出て、例の世界一高いビルを見てきました。結論的にいうと、ドバイは吐き気がするほど嫌な街で、絶対に住みたくないと思いました。そこでドバイとは正反対なもの、自分が好きで住みたいと思う場所はどのようなところかを考えることから生まれた作品が『セカンド・フロアリズム』なのです。

大林　今回の展示のなかでは、もっともマニフェスト的な性格の強い作品ですね。壁面を埋める膨大な手書きテキストに圧倒されました。

会田　あのテキストは「セカンド・フロアリズム宣言草案」ということになっています。

「草案」といっても、いつか本気で完成させたいと思っているわけではありません（笑）。あそこに溢れている言葉は、ひとつの論として纏《まと》められるものではない。でも個々の要素のなかには本気の真心というか、妥当な部分もあります。例えばカンファタブル、つまり快適というコンセプト。スラムという、ある意味いい加減で無秩序な構造を維持したままで快適さをあげていくという考え方です。まあ確かに苦しい理屈なんですけど（笑）。

矛盾の端々が作品に現れていく

大林　近年、文化や現代アートによる地方の再生ということがよくいわれますね。けれども私は今危惧していて、一度そういわれ出すと、日本中どこに行ってもビエンナーレ、トリエンナーレ、美術館、博物館だらけじゃないですか。あれだけいろいろなアートイベントを全国各地で開催しても、何も印象に残らない。地元が盛り上がればいいという意見もありますが、気づいてみれば、地方は本当に消耗しきってしまい、結果的には文化や現代アートが悪者扱いにされるのではないか、という心配があります。

会田　もちろん海外でも現代アートを嫌う人はいると思いますが、日本の場合はその比率が高いという感じはします。現代アートによる地域の活性化でよく議論されるのは、いわゆる「地域アート」をめぐる問題ですね。実はこれも僕としては話をするのが苦手な分野です。

前にもお話ししたように、僕は新潟の生まれですが、新潟にいても自分が望むような表現者にはなれないと思って東京に出てきた人間です。僕は現代アートというのは、基本的に都会型、大都市型の文化だと思っています。もちろん個々の表現としてはランドアートのように広大な土地のなかで作品を制作したりもしますし、ドイツのカッセルで開かれるドクメンタのように、比較的小さな地方都市を舞台にした歴史あるアートイベントもあります。けれども情報の発信源は大都市の美術ジャーナリズムだし、結局はニューヨークやロンドン、パリ、東京といった大都市を結んだアートピープルのネットワークのなかで育まれているのが、現代アートという文化だと思っています。

大林　確かにそうした面はありますね。歴史的に見ても美術は都市の文化です。

会田　だから現代アートにはどうしても洗練された都市の文化という匂いがついている。そのあたりが、僕が本当に現代アートを愛しているのか、それとも愛していないかという微妙な問題ともつながっていくわけです（笑）。

僕としては現代アートの表現者であっても、都会のスタイリッシュな生活者のマインドを代表するのではなく、あえていえば、アメリカでトランプを支持するような人たちの代弁者にもなりたいと思います。これはある意味で両立できない立場なのですが、その矛盾の端々が僕の作品に現れています。今回の「GROUND NO PLAN」はまさにその矛盾ゆえに分裂した姿をそのまま見せた展覧会でした。

大林　その点はよくわかります。地域アートというのは一歩間違うと、アーティストという都市の文化的エリートが地方のためにやってあげるものという構図になってしまうんですね。

また少し話がずれますが、パブリックな場所にどのようなアートを置くのかというのも難しい問題だと思います。美術館やギャラリーなら見たい人だけが見るので問題ありませんが、パブリックな場所だと見たくない人も見てしまうわけです。したがってパブリックアートの場合は、質の高いものをみんなのコンセンサスをとりながら設置するというのは、とても大変だと思います。

会田　僕は若いころは、アートはプライベートなものであるべきで、パブリックアートという言葉自体が形容矛盾だと言っていました。最近はもう少し考え方が柔らかくなってますけど（笑）。

大林　でも会田さんは若いころから、作品を通じて都市のパブリックな空間に介入するという姿勢を見せていましたね。新宿駅の地下通路にダンボールでできたお城を設置したりとか。

会田　あれはパブリックアートではなくて、ゲリラアートです（笑）。無許可でやったので三日後に撤去されました。あれは一九九五年の作品で、都市について考えるようになったのはそのころからです。そのちょっと前までは美大生でしたが、とうとう上野のアカデミックな猿山を追い出されて、都会をうろつくようになった。そうしたなかで、都市が少しずつ自分の題材になっていった気がします。

大林　「GROUND NO PLAN」に出品した『新宿御苑《ぎょえん》大改造計画』は、もう少し後の二〇〇一年の作品ですね。

会田　三〇歳になったころから世界各地のグループ展に呼ばれる機会が増えて、海外の都

『新宿御苑大改造計画』
展示風景：会田誠展「GROUND NO PLAN」、会田誠展特設会場（青山クリスタルビル）、2018
撮影：宮島径
©AIDA Makoto
Courtesy Mizuma Art Gallery

市に滞在することが多くなりました。そこでの体験を東京と比較してあれこれ考えるようになったわけです。今回展示した『新宿御苑大改造計画』は黒板にチョークで描いた板書とジオラマで構成された作品ですが、黒板の部分は二〇〇一年作で、ジオラマは展覧会に合わせて新たに制作したものです。一九九九年にアジアン・カルチュラル・カウンシルのお金で半年間ニューヨークに滞在しました。アメリカの現代アートを間近に見て、それに対するある種の共感と反発があって、そうした複雑な感情があの作品のベースになっていると思います。

大林　会田さんの場合は、都市をめぐる問題というものを常に意識して作品をつくっているわけではありませんよね。

会田　例えば『新宿御苑大改造計画』ですが、別にこれで東京をテーマにした展覧会をやるぞと考えてつくったわけではないんです。セントラルパークでぼーっとしながら暇つぶしのように考えていたのは、「東京にはこんな公園はないよなあ。これに勝つためには東京の公園をどうしたらいいのだろう?」といった、とりとめのないアイディアでした。それがしてある段階で、これを作品にして見せてもいいかなと思ったわけです。個人的には今の新宿御苑に不満がないわけではないし、もう少しテコ入れすべきとは思います。けれどもあの『新宿御苑大改造計画』のプランを実現したいわけではない。あのプランを素晴らしいと言ってくださる方もいるのですが、そう言われるとちょっと微妙な気分になりますね。

一般的にはアートは真面目でお硬いものとされていますが、僕にはそこにお笑いの要素を持ち込みたいという意識が常にあります。僕のお笑いはわりとワンパターンで、「そんなもの、あり得ないだろ!」と突っ込まれる。『新宿御苑大改造計画』のジオラマにしても、公園のいちばん高いところを三〇階建てのビルと同じぐらいの高さにするという途方もない大改造なので、工事は大変だと思います（笑）。実は展覧会のお話を最初に頂いたときに思い浮かんだのは、こうしたおバカ系、誇大妄想系プロジェクトの数々でした。

大林　お笑いといっても、心のどこかでそうした途方もないプロジェクトを実現したいと思っているのがアーティストですよね。

会田　一見すると目立たないけれど、よく見るとじわじわくるような作品をつくるアーティストも立派だとは思います。けれども僕はもともとそういうタイプの人間ではなくて、はっきりとわかりやすいものが好きです。だから本音をいうと、もし自分が生まれた国が独裁的な全体主義体制で、ものすごく巨大でモニュメンタルな作品をつくれと国から命じられたら、喜んでほいほいつくってしまうような欲望を密《ひそ》かに抱いています。でも同時に、そうしたものは邪悪だと思って否定する感情もあるわけです。

古傷が疼《うず》く地方の話

大林　ここでもう一度、地方の問題に話を戻しましょう。私の持論は、日本はやはり地方が元気にならないとダメだというものです。とはいえ、今は世界中どこを見ても一極集中です。では地方はどうすればいいかを考えたときに、今までのように大都市の物真似《ものまね》をやっていたら、絶対に滅びるだけだと思います。その一方で地方には地方なりの歴史や文化がある。それをもっと活用して、あるいはいろいろな東京発のネタと組み合わせることで、個性のある文化を育む。そうした方向でしか地方は元気にならないと思います。

会田　正直にいえば、地方出身のアーティストとしては、ここでパッと妙案が浮かぶわけではありません。以前に日本の県ごとの人口の推移を調べたことがあるのですが、明治時代には新潟がいちばん人口が多い県だった時期もあるんです。でもそれはほんの短い時期でした。

戦後は太平洋側を工業地帯にして発展させるという国策があって、新潟のような日本海側の地域は衰退の一途をたどってきた。僕自身が新潟で生まれて育っていますから、そうした大きな力には逆らえない感じはよくわかります。だから食の魅力とか、それぞれの地域の歴史的な遺産を使って地方を活性化するという話を聞くと、確かにその通りだとは思いつつも、現実には難しいかなとも考えてしまうわけです。そこで今回の展覧会では、地方の活性化ではなく、あえて地方を諦めるようなプランをいくつか出してみました。

大林　なるほど、かなり過激な提案がいくつかありましたね。

会田　『〇×半島無人化計画』。東北には宮城県の牡鹿《おしか》半島と秋田県の男鹿《おが》半島があって、僕はその両方に行ったことがあります。もちろん人はまだいっぱい住んでいますが、かなり限界集落的になってきていて、牡鹿半島では鹿が増えすぎて駆除できないといった話も聞きました。半島ならフェンス一本で動物の侵入や脱走を防げるので、ジュラシック・パークみたいにすればいい。そこでニホンオオカミを復活させるというプロジェクトです。

『〇×半島無人化計画』
展示風景：会田誠展「GROUND NO PLAN」、
会田誠展特設会場（青山クリスタルビル）、2018
撮影：宮島径
©AIDA Makoto
Courtesy Mizuma Art Gallery

大林　確かにある意味では、「なるがままに任せよ」の精神で、放っておくのがいちばんいいのかもしれませんね。ますます東京への一極集中が進んだ結果、ある日それが崩壊して、また地方に人が戻っていくかもしれない。東京の土地代がどんどん高くなれば、地方に人が流れていく可能性も出てくるわけです。けれどもそれが日本の社会にとって本当によいことなのか。そもそも、このままほっといて、本当に日本は大丈夫なのかという疑問も抱かざるを得ないわけです。

会田　地方の話になると僕自身、ちょっと古傷が疼くというか、ちょっと大げさにいうと、原罪めいた思いがあるわけです。つまり自分がやりたいことをやるために新潟から東京に出てきたわけで、その点では、地方に対して負い目のようなものを感じているわけです。

大林　それはわかります。

会田　地方はいいところだと言いつつも、田舎の保守性みたいなものを肌で感じていて、そこでは自分のやりたい文化はつくれないと思った。それで東京に来たら、根無し草が集まっている孤独な自由さに触れて、とても居心地がいいわけです。東京以外で比較的長く住んだのはニューヨークと北京《ペキン》で、それでも一年以内ですけど、その経験が僕の東京観をいろいろと変えたことは確かです。

大林　今、地方から東京に出てきたことの原罪意識という話がありました。そういえば最近、現代アートのコレクターでもある若い経済人のなかには、自分の出身地や地方に興味を持つ人が増えている気がします。今まで東京への一極集中だった文化の流れを地方に向かわせようとしています。

会田　アートはちょっと落ち着いた環境で見たほうがいいので、見せる場所、つまり美術館の立地としては地方はありだと思います。

大林　美術館はいいとしても、そこから地方の文化をどう育んで行くかが問題ですね。

会田　デザインや広告のような分野は大都市の流行を追っていかなければいけないので、やはり地方では難しいと思います。もう少しはっきりいうと、地方発の文化、例えば新潟発の文化、新潟で生まれ育った感性でつくられたものがそのまま現代アートとして通用するかというと、それはちょっと難しい気がします。

大林　美術館を建てたり、ビエンナーレをやったりして、先鋭的な文化を外から持ち込んでも、それだけでは文化は育ちませんからね。その部分ではもっと長いスパンで考える必要があります。

会田　教育からきちんとやっていくぐらいの覚悟がないと無理でしょうね。そうすれば地方から面白い現代アートが生まれる可能性もあると思います。

大林　現代アートとは少し違いますが、地方にはいろいろな伝統工芸があって、職人さんもいます。そうしたものは地域の特色がわかりやすいかたちで出ているので、自治体も大切にしている。だから地方を文化で活性化する方法を考えるときに、いきなり現代アートにいくのではなく、工芸的なものの活用を考えるというのは確かにあると思います。

シカゴにシアスター・ゲイツという黒人のアーティストがいます。彼は現代美術のアーティストですが、同時に陶芸もやり、バンドを組んで音楽をやり、シカゴの黒人エリアであるサウスサイドが抱えるさまざまな問題に取り組む社会活動家でもある。非常に多彩な顔を持つアーティストなのですが、その彼と都市について話をしたときに、とても面白いことを言っていました。彼が言うには、都市というのはそこに住んでいる地元の職人で成り立っている。だからそうした人たちを育てることが都市にとってはとても重要なんだと。これからはこうした観点も重要になると思います。　（二〇一八年四月二六日、東京都内にて）

撮影：フルフォード海

　第六章　都市も「なるがままに任せよ」——会田誠×大林剛郎
対談

終章　文化都市としての未来を考える
――前橋・大阪

住みやすさと創造性が共存する都市へ

この本では主に国内外の都市や地域を取りあげて、文化による地域振興がどのように行われてきたかをケーススタディ的に見てきました。そこで最後に現在進行中のプロジェクトとして前橋と大阪を取りあげたいと思います。また大阪については、未来の都市像に向けての私からの提案的なものも加えておきます。

前橋市は群馬県の県庁所在地です。かつては絹産業の拠点として繁栄しましたが、近年では日本各地の地方都市と同様に中心部の空洞化が進み、シャッター街が目立つようになっています。

この状況を受けて現在の前橋市では、官民の協力による都市再生のプロジェクトが進められています。ここで民間側の中心を担っているのが、前橋出身の起業家で「株式会社ジンズホールディングス」CEOの田中仁[*9]さんです。田中さんは街づくり、文化の振興、起業支援などを通じて前橋や地域を活性化するための財団を設立。二〇一六年には官民共同の最初の一歩として地域再生の方向性を示す「前橋ビジョン」を発表しました。

「前橋ビジョン」が策定される前の前橋では、市長が二期八年で交代し、一貫した街づくりができていませんでした。田中さんは都市再生の方向性を市民と共有するためのビジョンの必要性を市に訴え、自身の財団が費用の大半を負担してドイツのブランドコンサルティング会社KMS TEAMにビジョンの策定を依頼しました。KMSは市民へのインタビューやアンケート調査を行い、新しい都市像を示す言葉として英文の「Where good things grow.（いいものが育つところ）」を作成しました。さらに前橋出身の糸井重里さんがその英文に対応する日本語のキャッチコピー「めぶく。」を考案しました。この「前橋ビジョン」が決まったことで、前橋は「新しい価値の創造都市」を目指すことになりました。

田中さんはこのビジョンを実現するには、ハードからソフト、ライフスタイルまでの全域にわたって「デザイン」を行うことが重要だと考えています。つまり前橋をデザイン意識の高い、ウェルビーイング（心身ともに良好な状態）を実現するウェルデザインシティーにするわけです。そして「デザイン」が都市再生の戦略とすれば、それに対応した戦術、つまりテーマは「グリーン&リラックス」です。立地的には東京に近く利便性もあるが、田舎のようなリラックスできる環境も身近に感じられる。それによって将来的にはＩＴ企業のサテライトオフィスの誘致なども可能になるという構想です。

すでに前橋では複数のプロジェクトがスタートしています。その中心となるのは「前橋ビジョン」に賛同した事業者と若手建築家が手を組んだプロジェクトです。これまでに中村竜治設計のパスタ店、長坂常《じょう》（スキーマ建築計画）が設計を担当した和菓子店、高濱史子設計のとんかつ店などが完成。いずれもシャッター街のなかに、比較的小規模ながらデザイン性が高く、人が集まりやすい施設をつくることで町の活性化を目指す試みです。また、マネジメントの面でも、建築家、デザイナー、プロデューサーなどで構成される一般社団法人の「前橋まちなかエージェンシー」が出資者、事業者、建築家、地域の四者の関係

ホテル完成予想図　©Sou Fujimoto Architects

を調整し、コーディネイト全般を行うほか、建築物に関するデザインコードをつくるなど、独自の取り組みを行っています。

また二〇〇八年に廃業した老舗旅館をリノベーションし、デザインホテルにするプロジェクトも二〇二〇年の年明けの開業に向けて進行中です。リノベーションの設計は藤本壮介で、「前橋ビジョン」に賛同したデザイナーのジャスパー・モリソン、建築家のミケーレ・デ・ルッキも内装デザインで協力しています。さらにフロントの吹き抜け空間には金沢21世紀美術館の『スイミング・プール』で知られるレアンドロ・エルリッヒの作品が設置される予定です。

住みやすさと創造性が共存する都市には、美術館のような文化施設が不可欠です。二〇一三年にオープンしたアーツ前橋は閉鎖した大型商業施設を用途転換した美術館で、市民参加型の運営方針を特色としています。また前橋の近隣エリアを見てみると、渋川市には東京・品川の原美術館の分館「ハラミュージアムアーク」があります。品川の原美術館は二〇二〇年一二月で閉館し、二〇二一年にはすべての美術館機能を「ハラミュージアムアーク」に集約し、「原美術館ＡＲＣ（アーク）」として再出発することが決定しています。この「原美術館ＡＲＣ」をはじめとする県内の文化施設とのつながりは、これからデザイン都市・前橋が発展していくうえで重要な役割を果たすと思います。

多様な文化の共存が都市の魅力を高める

次は大阪です。文化都市としての大阪は、現状ではなかなかイメージしづらいところがあります。大阪発の文化といえば、ともすればお笑いという話になりがちです。もちろん上方歌舞伎や文楽までも含めた上方芸能は大阪が誇るべき素晴らしい文化です。しかし都市の魅力を高めるには、多様な文化を享受できる環境が整っていることが重要なのです。

文化には大衆的なものから比較的高級とされるものまでかなりの幅があります。その幅をもたらすのは、都市のなかで育まれてきた文化的な営みの多様性であり、それこそが都市の魅力の源泉なのです。大阪の場合は、マスメディアなどを通じて広まる都市の文化的イメージが過度に大衆的な部分に限定されていることが問題なのです。結果としてそのことが都市の持つ発展のポテンシャルを引き下げているように私には思えます。

同じことは食文化に関してもいえます。大阪の味としては、お好み焼きや串カツといった大衆的な食べ物がよく挙げられます。そのいっぽうで洗練された料理は、和食なら京都、フレンチやイタリアンなどの西欧起源のものは東京といった具合に、なかなか大阪のイメージとは結びつきにくい。大阪には有名な料理専門学校があり、多くの優秀な料理人を輩出しています。にもかかわらずその卒業生の多くが店を構えるのは、大阪ではなく京都や東京なのです。これはまさに大阪が、自ら持つ文化的なポテンシャルを活かしきれていないことを示す典型例だと思います。

それでは、いったい何が必要なのでしょうか。私が大阪で痛感するのは、都市の顔となる文化ゾーンがないことです。東京には古くから東京藝大や美術館、音楽ホールが集中する上野エリアがあり、さらにはその上野に対抗する六本木といった新興の文化ゾーンがあります。しかしそれに相当するものが大阪には見当たりません。海外から日本に来る美術好きの友人から「今度大阪に行くけれど、どこを見ればいい？」と聞かれることがありますが、なかなかすぐに返答できません。

文化ゾーンとしての中之島

これからの大阪で文化ゾーンとしての発展が期待できるエリアは中之島でしょう。現在の中之島には、国立国際美術館、大阪市立科学館、大阪市立東洋陶磁美術館、中之島香雪《こうせつ》美術館といったミュージアムがあり、大阪府立中之島図書館や大阪市中央公会堂などの歴史ある文化施設も存在します。さらに二〇二〇年三月には安藤忠雄さんの設計による児童図書館「こども本の森　中之島」、そして二〇二一年には大阪中之島美術館の開館が予定されています。

実は中之島には文化エリアとしての歴史があります。江戸時代には各藩の蔵屋敷が集まり、物流・経済の中心として大きく発展しました。しかし明治以降は鉄道網の発展によって物流拠点としての優位性は失われ、蔵屋敷は姿を消していきます。蔵屋敷の跡地は近代的な都市施設をつくるための実験場として機能しました。大阪市初の公園である中之島公園が整備され、中之島図書館や中央公会堂が建設されます。中央公会堂では大正デモクラシーの時代にふさわしい政党演説会が開催されるいっぽうで、ロシア歌劇団による『アイーダ』の公演などの文化イベントも盛んに行われました。また大阪帝国大学（現在の大阪大学）をはじめとする多くの教育機関が中之島で設立されます。

大阪は大正後期から昭和初期にかけて「大大阪時代」と呼ばれる時期を迎えます。関東大震災による東京からの人口の流出と一九二五年（大正一四年）の市域拡張で、大阪市は面積と人口で首都の東京市を凌ぐ日本最大の都市となったわけです。都市計画家でもあった第七代大阪市長の關一《せきはじめ》のもとで、御堂筋をはじめとする道路の拡幅、公営地下鉄の建設といった都市基盤の整備が進められます。ともすれば経済至上主義に傾きがちな「商都」において、文化の重要性が強く意識されるようになるのはこの時代からです。「東洋のマンチェスター」とも称された経済の発展は文化芸術にも波及的な効果を及ぼし、建築、美術、文芸、音楽など多彩なジャンルで旺盛な活動が展開されました。

池田遙邨『雪の大阪』
1928年（昭和3）、絹本着色、二曲一隻屏風、169.0 × 235.4cm　大阪中之島美術館所蔵

この「大大阪」の時代を代表する美術作品のひとつに池田遙邨《ようそん》の『雪の大阪』があります。これは一九二八年二月に大雪に見舞われた大阪の情景を描いた日本画です。現在の東洋陶磁美術館付近の高所から中之島の東端部と天神橋、天満橋、遠くには再建前の大阪城までを見渡す俯瞰《ふかん》の構図となっています。画面の中央を占めるのは雪に覆われた中之島公園で、公園内には一九二四年に建てられた音楽堂も見えます。さらに細部に目をやると、土佐堀川沿いには近代的なビルが建ち、その向こうには大阪ハリストス正教会や大阪府庁のビルも見えます。そしてそれらの西洋的な建物のあいだ

は、無数の小さな町家の屋根で埋め尽くされています。遙都は古くからの大阪と新しく生まれたモダンな都市の表情を雪景色という詩的な表現のなかで見事に融合させているのです。

赤煉瓦のネオルネッサンス様式の建物で国の重要文化財にも指定されている中央公会堂（一九一八年）は、株仲買人の岩本栄之助の寄付で建てられました。また中之島図書館の旧本館（一九〇四年）と両翼（一九二二年）の建設は住友家の寄付によるものです。岩本栄之助は一九〇九年に渋沢栄一を団長とする渡米実業団に参加し、アメリカの富豪の多くが慈善事業や公共事業に遺産や私財を投じていることに強い感銘を受け、現在の貨幣価値に直せば数十億円という額の寄付を決意しました。ビジネスで成功した者が公共的な建築や事業（学校の設立など）へ巨額の寄付を行うことは、大阪の伝統ともいえます。戦後では一九八二年に設立された東洋陶磁美術館の例がよく知られています。この美術館は、住友グループが世界有数の東洋陶磁器コレクションであった「安宅《あたか》コレクション」を大阪市に寄付することで誕生しました。また最近では中之島公園内で建設が進められている「こどもの本の森 中之島」が民間から大阪市への寄付によるプロジェクトです。公共的なものへの寄付を尊ぶという市民的な価値観は、大阪が過去から未来へと受け継ぐべきものではないでしょうか。

大阪中之島美術館

二〇二一年度の開館が予定されている大阪中之島美術館は国内外の近代・現代美術のコレクションを中核とした美術館です。場所は中之島の西部。大阪大学の医学部の跡地で、国立国際美術館と大阪市立科学館に隣接しています。遠藤克彦の設計による建物は五階建てで、三階が収蔵庫、四階と五階が展示室となります。一階はカフェやショップなどのサービス施設と講堂、二階はパッサージュと呼ばれるエントランスホールで、建物周囲の人工地盤と歩行者用デッキによって隣地とつながる予定です。美術館の顔となるパッサージュは、街なかを移動する人が気軽に立ち寄れる開放的なスペースです。

大阪中之島美術館の構想は一九八〇年代にまで遡ります。大阪の実業家でコレクターでもあった山本發次郎《はつじろう》の収集品が一九八三年に大阪市に寄贈され、そのなかには大阪出身の画家・佐伯祐三《さえきゆうぞう》の作品三一点も含まれていました。これをきっかけに大阪市は近代美術館

大阪中之島美術館 外観イメージ　大阪市提供

建設の検討を開始します。八九年には収蔵品購入のための基金が設置され、九〇年から収集活動を本格化させてきました。現在までに収蔵品は五七〇〇点を超えています。

佐伯祐三と並ぶコレクションの柱は、戦後日本の代表的な前衛芸術運動のひとつであった「具体美術協会」（具体）の作品です。「具体」の活動に関しては二〇一二年に東京の国立新美術館、二〇一三年にニューヨークのグッゲンハイム美術館で大規模な回顧展が開催されるなど、国内外で再評価が進んでいます。大阪中之島美術館にはリーダーの吉原治良の作品約八〇〇点、会員の作品約一〇〇点のほか、記録写真、フィルム、ポスター、パンフレットなど数万点に及ぶ関連資料が収蔵されています。現在、これらの資料をもとにしたアーカイブの構築が進められており、将来的には「具体」の研究の国際的な施設となることを目指しています。

ちなみに「具体」の活動拠点のひとつだった「グタイピナコテカ」はかつて中之島にありました。これは吉原治良が所有する明治時代の土蔵を改修した展示施設で、一九七〇年に閉館、解体されるまで「具体」の作家たちの個展やグループ展のほか、サム・フランシスやルーチョ・フォンタナなどの個展も行われ、大阪で同時代の現代美術を紹介する場としての役割を果たしていました。大阪中之島美術館には「グタイピナコテカルーム」と名付けられたスペースが設けられます。半世紀前の大阪には当時の先端的なアートを介して世界とつながる場所があった。新しい美術館はその記憶を留《とど》めると同時に、先進的な精神を受け継ごうとしているのです。

大阪中之島美術館は佐伯祐三と「具体」以外にも大阪に所縁《ゆかり》のある美術作品を数多く収蔵しています。そのなかには前に触れた池田遙邨の『雪の大阪』も含まれています。新しい美術館の誕生は、単に都市のなかにアートと結びついた魅力的な空間が生まれることだけを意味しません。収蔵作品やさまざまな活動を通じて、大阪のより魅力的な文化的アイデンティティを発信することが求められているのです。

大阪の伝統を受け継ぐ

すでに述べたように中之島は文化ゾーンとしての可能性を秘めています。ミュージアム以外にはアイコニックなシンボルとしての中央公会堂があり、中之島図書館も建築の文化財として貴重なものです。またパフォーミングアートの会場も中之島フェスティバルホールがあり、中央公会堂もコンサートホールとして利用されています。さらに堂島川をはさんだ対岸には多目的ホールの堂島リバーフォーラムがあります。現状ではそれらが中之島とその周辺の比較的広いエリアに点在しているわけですが、大阪中之島美術館のオープンがその状況にインパクトを与え、相互の連携が進むことが期待できます。例えば文化週間のようなイベントを設定し、各施設を回る巡回バスを運行するといった試みも面白いと思います。そうすれば現代美術の好きな人が陶磁器を見たり、図書館に足を運んだりすることで、多くの人がこのエリアの新しい魅力を発見するのではないでしょうか。そしてこうした試みを通じて形成される文化都市としての大阪のイメージは、従来のものとはかなり異なったものとなるでしょう。それはビジネスの世界で生きる人々が質の高い文化を育て、発信していくという大阪の伝統を受け継ぐことでもあります。

美術や建築、音楽などが持つ文化的な訴求力に大阪が誇る大衆芸能や食文化の楽しさが加わることで、より多くの人が国内外から大阪に訪れるようになる。そしてそのことはアートから芸能、料理に至るまでの多様なジャンルの優れた人材を大阪に集め、育てることにつながっていくでしょう。大阪の未来はそこにあると私は考えています。

あとがき

本書で私が言う「文化」とは、主に「芸術文化」を指します。文化は都市に魅力を与え、文化が国を繁栄させます。日本のような成熟国家が、これから時間、資金、人材をつぎ込むべきは、まさに文化なのだと私は思うのです。もちろん日本が誇るべき生産技術などを磨いていくことも肝要でしょう。しかし、グローバル化と情報通信技術によってこれらのテクノロジーは瞬く間に世界に普及してしまいます。いっぽう、文化はインターネットなどでその情報が伝われば伝わるほど、みんな現地に行って本物を味わいたくなるものです。食文化はその国、街に行って食べてみないと経験できないし、アートも本で見るだけでは物足りなくなり美術館や博物館に行きたくなります。私の友人でコンサートやミュージカルを鑑賞するために海外へ飛ぶ人も少なくありません。

東京、ニューヨーク、ロンドンのような大都市は、すでに多様な経験をすることが可能ですから、あとはメニューにひとつかふたつ足す程度ですみます。もちろん定期的にメニユーを書き換え、バージョンアップさせる必要はありますが。しかし、問題はそれらの大都市ではなく、地方が生きのびるためにはどうすればよいかということです。地方は地方であるがゆえの魅力がないと人材が流出し、過疎化、高齢化が急速に進んでしまいます。

幸か不幸か、少子化の日本では地方から大都市に来て大学で学び、企業や有名店に勤務した経験のあるひとりっ子の若者が、親の介護のために地元に戻る例が少なくありません。Uターン組である彼らは、大都市で暮らした経験やネットワークを活かして地元に戻り、起業して頑張っています。地方で生まれその地方だけを見ていたら、その土地が持つよさがわかりにくいものです。私はこのような若者たちが地方を元気にしてくれると思っています。

日本の地方は、それぞれオリジナリティのある歴史や文化、ユニークなお祭り、食材の宝庫です。これらをどううまく紹介すれば外の人たちに理解してもらえるか。どう保護し発展させたらよいか。このあたりをもう少し工夫すれば、日本の地方はもっともっと輝いてくるに違いありません。

地方が元気にならないと日本全体はよくならない――。これは私の持論です。本来なら、霞が関の役人や地方の首長が強力なリーダーシップを発揮すればかなり面白いことができるはずなのですが、広い視野や経験を持ち、またセンスのある役人や首長は、私が出会ったなかでも残念ながら大変少ないように思われます。ならばやはり民間の我々が行動しなければならないでしょう。かといって大企業の論理ではなかなか動きにくいのも事実です。相当長期的な視点も必要とされますから。

今、日本はインバウンドブームです。海外からやって来た人たちは、我々も知らないような地方の文化に惹《ひ》かれて、我々日本人があまり行かないようなところにまで足を運んでくれます。我々がこの文化をうまく保護して発展させないと、彼らも一度か二度そこへ行ったら飽きてしまってその後は行かなくなってしまうでしょう。

そのためにはリピーターをひとりでも増やしてゆくことが大切です。一時間の滞在を二時間に、二時間を半日に、半日を二日、三日以上滞在してくれるようにしてゆかなければ、街にはお金が落ちません。お金が落ちなければ産業も育たず、街も保護すべきものを保護したり導入したいものを導入したりできなくなるわけです。

彼らに少しでも長く滞在してもらうためには、ほかにはない美術館や博物館、土地の美味しいものを提供してくれる食堂や心地よい宿といった、総合的な「文化」が必要となります。

もちろんそれらの要素というのは観光客を呼ぶためだけではなく、そこに住む人たちにとっても、とても大切な要素になるのです。現代において人々が住みたくなる街というのは、やはり「文化が感じられる街」なのではないでしょうか。

残念ながら日本における文化の扱われ方は劣悪ですが、幸い日本には先輩方が残してくれた素晴らしい文化があります。我々はこれらを多くの人たちに紹介しながら発展させ、そして次の世代に引き継いでゆかなければなりません。

今回この本を出版するにあたり、いろいろな調査の手伝いやインタビューをしてくださったライターの鈴木布美子さんと集英社の金井田亜希さんに、心より感謝申し上げます。

大林剛郎

註

＊1　地域圏文化事業局

地域圏はフランスの広域行政区域で、コルシカ島を除いたフランス本土では、複数の県がひとつの地域圏を構成する。地域圏文化事業局はその地域圏ごとに設置された文化省の出先機関。文化事業の専門家で構成され、文化予算の分配の仲介のほか、地方公共団体への助言、政策評価も行う。

＊2　レ・グラン・トラボー

「大工事」を意味するフランス語で、一九八〇年代にミッテラン大統領の指揮下で行われたパリの大規模な再開発プロジェクトを指す。ルーヴル美術館の大改造のほか、バスティーユの新オペラ座、アラブ世界研究所、ラ・ヴィレット公園、フランス国立図書館（新館）といった文化施設の建設が多く含まれていた。

＊3　「黄色いベスト」運動

フランスで二〇一八年一一月から始まった、政府に対する大規模な抗議運動。マクロン政権が進める緊縮財政など新自由主義的な経済政策への反発の色彩が強い。

＊4　欧州文化都市構想

ＥＵが域内の都市を指定し、一年間を通じて種々の文化イベントを集中的に行う事業。一九八五年にスタートした当初はアテネやフィレンツェなどヨーロッパを文化面で代表する都市が対象だったが、その後、都市再生の契機となることから経済的に停滞した都市が指定される事例が増えた。一九九九年からは名称を「欧州文化首都」に変更。また当初は毎年ひとつの都市での開催だったが、二〇〇〇年以降は複数の都市が指定されることが多い。

＊5　オクテット

文化省、工業・研究省、教育省、郵政・通信省、通信技術庁、国立オーディオヴィジュアル研究所（INA）、情報技術機関（ADI）、国立通信研究センター（CNET）の八つの機関による共同組織で、オーディオヴィジュアル制作の資金援助などを管理。創作者、技術者、プロデューサー、事業者の出会いの場としても機能することを目指した。一九八三年設立、一九八六年解散。

＊6　石川康晴

公益財団法人石川文化振興財団理事長。株式会社ストライプインターナショナル代表取締役社長兼CEO。一九七〇年岡山市生まれ。岡山大学経済学部卒。京都大学大学院経営学修士（MBA）。九四年、二三歳で創業。九五年クロスカンパニー（現ストライプインターナショナル）を設立。国際現代美術展「岡山芸術交流」の総合プロデューサーも務め、地元岡山の文化交流・経済振興にも取り組んでいる。

＊7　ソーシャリー・エンゲイジド・アート

社会的実践としてのアート。アーティストが社会のなかで、アーティスト以外の人々との対話や協働などを行い、そのプロセスを通じて社会や人々の意識の変革を目指す芸術活動。

＊8　坂口安吾の「日本文化私観」

坂口安吾が一九四二年に発表した随筆。「日本精神」や「日本文化」を手放しに賛美する戦時下の言論への痛烈な批判として書かれた。「法隆寺も平等院も焼けてしまって一向に困らぬ。必要ならば、法隆寺をとりこわして停車場をつくるがいい」の一節は特に有名。

＊9　田中仁

一般財団法人田中仁財団代表理事。株式会社ジンズホールディングス代表取締役ＣＥＯ。一九六三年群馬県生まれ。慶應義塾大学大学院政策・メディア研究科修了。一九八八年有限会社ジェイアイエヌ設立、二〇〇一年にアイウエアブランド「ＪＩＮＳ」を開始し、現在は国内外に直営五五〇店を展開。二〇一四年、群馬県内での地域活性化を目的に田中仁財団を設立し代表理事に就任。

主な参考文献・資料

第一章

佐々木雅幸『創造都市への挑戦――産業と文化の息づく街へ』岩波現代文庫、二〇一二年

蓑豊『超・美術館革命――金沢21世紀美術館の挑戦』角川oneテーマ21、二〇〇七年

高階秀爾・蓑豊編『ミュージアム・パワー』慶應義塾大学出版会、二〇〇六年

「日本の常識を打ち破る公立美術館が、なぜ金沢に生まれたのか　山出保・前金沢市長」『ダイヤモンド・オンライン』二〇一七年四月一日

https://diamond.jp/articles/-/123222

「金沢21世紀美術館　館長　島敦彦　アートを通じて、人が集まる拠点づくりを」『タテマチドットコム』

http://www.tatemachi.com/story/1322/

「御細工所で培われた加賀の伝統芸術」『Blue Signal』二〇〇八年一月

https://www.westjr.co.jp/company/info/issue/bsignal/08_vol_116/feature03.html

「寺内町から百万石の城下町へ」『Blue Signal』二〇〇八年一月

https://www.westjr.co.jp/company/info/issue/bsignal/08_vol_116/feature01.html

「川俣正の大規模作品も。今秋、コア期間を迎える『東アジア文化都市２０１８金沢』に注目」『美術手帖』二〇一八年八月二二日

https://bijutsutecho.com/magazine/news/headline/18324

澤田挙志「『クラフト創造都市』金沢における工芸とその関連施策に関する考察――工芸の変遷と金沢の文化都市政策史との相関に着目して」『公益社団法人日本都市計画学会　都市計画論文集』第五二巻三号、二〇一七年一〇月
金沢21世紀美術館ウェブサイト
https://www.kanazawa21.jp
金沢21世紀美術館・金沢アートプラットホーム２００８
http://www.kanazawa21.jp/exhibit/k_plat/index.php
金沢21世紀工芸祭ウェブサイト
https://21c-kogei.jp
東アジア文化都市２０１８金沢ウェブサイト
https://culturecity-kanazawa.com/overview
金沢卯辰山工芸工房ウェブサイト
https://www.utatsu-kogei.gr.jp
金沢市ホームページ：歴史都市金沢のまちづくり
https://www4.city.kanazawa.lg.jp/11107/rekisimatizukuri/index.html
金沢市ホームページ：金沢の文化的景観　城下町の伝統と文化
https://www4.city.kanazawa.lg.jp/11107/rekisimatizukuri/keikan1.html
文化庁ウェブサイト：文化的景観

http://www.bunka.go.jp/seisaku/bunkazai/shokai/keikan/

第二章

吉本光宏「ビルバオ市における都市再生のチャレンジ―グッゲンハイム美術館の陰に隠された都市基盤整備事業―」『文化による都市の再生〜欧州の事例から』国際交流基金、二〇〇四年三月

菅野幸子「甦るナント―都市再生への挑戦」『文化による都市の再生〜欧州の事例から』国際交流基金、二〇〇四年三月

チャールズ・ランドリー『創造的都市――都市再生のための道具箱』日本評論社、二〇〇三年

高城剛『人口18万の街がなぜ美食世界一になれたのか――スペイン　サン・セバスチャンの奇跡』祥伝社新書、二〇一二年

吉本光宏「欧州のCreative Cityのチャレンジ――ビルバオとナントの事例から――」『文化経済学』第四巻第一号、二〇〇四年

永松栄編著『IBAエムシャーパークの地域再生「成長しない時代」のサスティナブルなデザイン』水曜社、二〇〇六年

「サスティナブルな地域デザイン――ドイツ・エムシャーパークの挑戦」大林都市研究振興財団、二〇〇六年
https://www.obayashifoundation.org/obayashiprize/symposium/file/2006_1.pdf

「Emscher Kunst（エムシャー・アート）再生を体感し議論する場としてのアート・イベント」特定非営

利活動法人アート&ソサイエティ研究センター
https://www.art-society.com/report/emscher-kunst.html
川副早央里「ドイツにおける炭鉱跡地の活用と地域存続の戦略――世界遺産ツォルフェライン炭鉱の事例から」『ソシオロジカル・ペーパーズ』第二六号、早稲田大学大学院社会学院生研究会、二〇一七年
「フランス・ナント市の創造都市とアート拠点『リュ・ユニック』の活動」公益社団法人 企業メセナ協議会、二〇一五年五月一一日
https://www.mecenat.or.jp/ja/blog/post/lieuunique/
2017ジャパン×ナントプロジェクトウェブサイト
https://nantes.art-brut.jp
「計画発表から16年。グッゲンハイム・アブダビ、2023年に開館か」『美術手帖』二〇一九年四月二六日
https://bijutsutecho.com/magazine/news/headline/19735
Museo Guggenheim Bilbao
https://www.guggenheim-bilbao.eus/en
La Folle Journée
http://www.follejournee.fr/index.php
Le Lieu Unique
http://www.lelieuunique.com

第三章

福原義春編『ミュージアムが社会を変える　文化による新しいコミュニティ創り』現代企画室、二〇一五年

一般財団法人自治体国際化協会パリ事務所「フランスの文化政策」（Clair Report 三六〇号）二〇一一年三月二八日
http://www.clair.or.jp/j/forum/c_report/pdf/360.pdf

「レ・グラン・トラボー（1）」「Shigeko Hirakawa フランスから——環境とアートのブログ」二〇一〇年五月二一日
http://shigeko-hirakawa.org/blog/?p=603

「ヨーロッパ文化首都政策」「Shigeko Hirakawa フランスから——環境とアートのブログ」二〇一三年一月一三日
http://shigeko-hirakawa.org/blog/?p=6725

「新刊書『ジャック・ラング、文化への闘い』」「Shigeko Hirakawa フランスから——環境とアートのブログ」二〇一三年四月一六日
http://shigeko-hirakawa.org/blog/?p=7242

友岡邦之「再考の時期にきたフランスの文化政策」「国際交流基金 Performing Arts Network Japan」二〇〇五年二月一六日

https://performingarts.jp/J/overview_pre/0502/1.html

第四章

「M+」westKowloon 2017
「M+ Museum」「AV Monografías」2017
「M+ REVIEW 2018」westKowloon 2019
「TAI KWUN PROGRAMME GUIDE WINTER SEASON」01.12.2018-28.02.2019
「Heritage In Tai Kwun」Tai Kwun Centre for Heritage and Arts
westKowloon 西九文化区
https://www.westkowloon.hk/en/
M+
https://www.westkowloon.hk/en/mplus
Tai Kwun Centre for Heritage and Arts
https://www.taikwun.hk/en/
Wikipedia:West Kowloon Cultural District
https://en.wikipedia.org/wiki/West_Kowloon_Cultural_District
「foster + partners: city park for the west kowloon cultural district」『designboom』mar, 04, 2011
https://www.designboom.com/architecture/foster-partners-city-park-for-the-west-kowloon-cultural-

district/
太田佳代子「燃えるドラゴン――『文化』が熱い九龍半島」『artscape』二〇〇九年二月一日号
https://artscape.jp/focus/1198797_1635.html
「香港、西九文化区の『M+』のディレクターに、元テート・モダン館長」『ART iT』二〇一〇年六月二四日
https://www.art-it.asia/u/admin_ed_news/tkof7pjndps8rlj0sdim
木村浩之「都市と建築と美術と社会のタイポロジー」『artscape』二〇一三年五月一日号
https://artscape.jp/focus/10086465_1635.html
「監獄もあった旧中環警察署群跡が文化複合施設『大館』に　観覧受け付け始まる」『香港経済新聞』二〇一八年五月一七日
https://hongkong.keizai.biz/headline/968/
「香港、歴史的建造物を文化施設に　アートや観光業などの発展促進」『SankeiBiz』二〇一八年九月二〇日
https://www.sankeibiz.jp/macro/news/180920/mcb1809200500006-n1.htm
「保育　歴史的建造物の保存に対する市民意識の高まりを受け、特区政府による『保育』の動きが活発化している。」『香港ポスト』一四六七号、二〇一六年一一月一八日
http://www.hkpost.com.hk/history/index2.php?id=16147#.XRvy-y3AO7M
「西九龍文化地区にM+パビリオンがオープン」『HONG KONG LINER』二〇一六年一一月

https://www.hketotyo.gov.hk/japan/hkliner/vol75/hkliner_01.php
南木隆助「問いを設定する構想、答えを生むプロセス【M+香港 ビジュアルアート部門リードキュレーター講演から】」『note』二〇一九年三月二七日
https://note.mu/nankinankinanki/n/nc8cc47c2391e

第五章

福武總一郎+北川フラム『直島から瀬戸内国際芸術祭へ――美術が地域を変えた』現代企画室、二〇一六年
北川フラム・瀬戸内国際芸術祭実行委員会監修『瀬戸内国際芸術祭2016 公式ガイドブック』現代企画室、二〇一六年
鈴木布美子「現代アートと地方都市の未来像――『岡山芸術交流2016』の試み」『kotoba』二〇一六年秋号、集英社
「洸庭」『新建築』二〇一六年一二月号、新建築社
「尾道駅」『新建築』二〇一九年五月号、新建築社
岡山芸術交流ウェブサイト
https://www.okayamaartsummit.jp
石川文化振興財団ウェブサイト
http://www.ishikawafoundation.org

ベネッセアートサイト直島ウェブサイト
http://benesse-artsite.jp
瀬戸内国際芸術祭2019ウェブサイト
https://setouchi-artfest.jp
大原美術館ウェブサイト
https://www.ohara.or.jp
「世界で勝負できる日本ワインを岡山で。〝ヴィニュロン〟大岡弘武が描く夢」『The New York Times Style Magazine: Japan』二〇一九年五月一〇日
https://www.tjapan.jp/food/17270908

第六章

会田誠『カリコリせんとや生まれけむ』幻冬舎文庫、二〇一二年
会田誠『美しすぎる少女の乳房はなぜ大理石でできていないのか』幻冬舎文庫、二〇一五年
五十嵐太郎「東京論1　アート的な想像力による東京革命」『みすず』二〇一八年七月号、みすず書房
藤田直哉編著『地域アート　美学／制度／日本』堀之内出版、二〇一六年
坂口安吾『日本文化私観　坂口安吾エッセイ選』講談社文芸文庫、一九九六年
毛利嘉孝「いまアーティストに何ができるのか。毛利嘉孝が見た会田誠展『Ground No Plan』」『美術手帖』二〇一八年二月一六日

https://bijutsutecho.com/magazine/review/promotion/12016

終章

「前橋デザインプロジェクト　Mビル（GRASSA）＋なか又」『新建築』二〇一八年九月号、新建築社
「総合計画に『めぶく。』　市民主体の活動支援」『上毛新聞』二〇一七年一二月一日
前橋市ウェブサイト：前橋ビジョン発表「めぶく」
https://www.city.maebashi.gunma.jp/soshiki/seisaku/mirainomesozo/gyomu/4/1/2990.html
田中仁財団ウェブサイト
http://www.tanakahitoshi-foundation.org
アーツ前橋ウェブサイト
http://artsmaebashi.jp
原美術館ウェブサイト
https://www.haramuseum.or.jp
橋爪節也編著『大大阪イメージ　増殖するマンモス／モダン都市の幻像』創元社、二〇〇七年
「大阪新美術館　整備計画パンフレット」大阪新美術館建設準備室、二〇一八年
Artrip Museum 大阪中之島美術館コレクションウェブサイト
http://www.nak-osaka.jp
中之島スタイル.com ウェブサイト

https://www.nakanoshima-style.com
国立国際美術館ウェブサイト
http://www.nmao.go.jp
大阪市立東洋陶磁美術館ウェブサイト
http://www.moco.or.jp
大阪府立中之島図書館ウェブサイト
https://www.library.pref.osaka.jp/site/nakato/
大阪市ウェブサイト：大阪中之島美術館整備計画
https://www.city.osaka.lg.jp/keizaisenryaku/page/0000020944.html
大阪市立科学館ウェブサイト
http://www.sci-museum.jp
大阪市中央公会堂ウェブサイト
https://osaka-chuokokaido.jp
「大阪市『（仮称）こども本の森　中之島』は2019年秋の開館予定。建築家の安藤忠雄氏が建設し大阪市に寄付する意向！」『再都市化ニュース』二〇一八年六月二七日
https://saitoshika-west.com/blog-entry-5074.html

取材にご協力いただいた方々（敬称略）

塩谷敬
田中未来
横山いくこ
小室舞
Patricia Wong
石川康晴
公益財団法人　石川文化振興財団
那須太郎
細井眞子
TARO NASU
ミヅマアートギャラリー
田中仁
一般財団法人　田中仁財団
藤本幸三
公益財団法人　大林財団

写真協力（P17・18）／山本糾、工藤政志、前川プロ
図版レイアウト／MOTHER
構成／鈴木布美子

大林剛郎（おおばやし　たけお）

公益財団法人大林財団理事長。株式会社大林組代表取締役会長。慶應義塾大学卒業後、一九七七年、株式会社大林組入社。二〇〇九年会長に就任。森美術館理事、原美術館評議員、パリ・ポンピドゥー・センター日本友の会代表、英国テート美術館およびニューヨーク近代美術館（MoMA）のインターナショナル・カウンシル・メンバーを務める。現代アートのコレクターとしても有名。

都市《とし》は文化《アート》でよみがえる

集英社新書〇九九四B

二〇一九年一〇月二二日　第一刷発行

著者……大林剛郎《おおばやしたけお》

発行者……茨木政彦

発行所……株式会社集英社

東京都千代田区一ツ橋二-五-一〇　郵便番号一〇一-八〇五〇

電話　〇三-三二三〇-六三九一（編集部）
〇三-三二三〇-六〇八〇（読者係）
〇三-三二三〇-六三九三（販売部）書店専用

装幀……原　研哉

印刷所……凸版印刷株式会社

製本所……株式会社ブックアート

定価はカバーに表示してあります。

ISBN 978-4-08-721094-1 C0230

Printed in Japan